はじめに

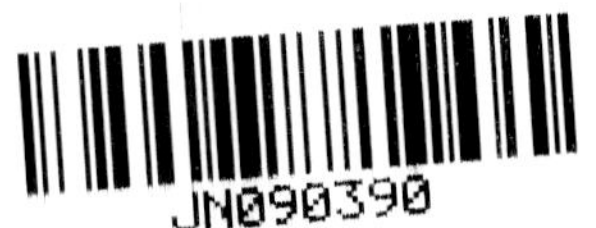

このプリント集は、子どもたち自らアクティブに問題を解き続け、学習できるようになる姿をイメージして生まれました。

どこから手をつけてよいかわからない。問題とにらめっこし、かたまってしまう。

えんぴつを持ってみたものの、いつのまにか他のことに気がいってしまう…。

そんな場面をなくしたい。

子どもは１年間にたくさんのプリント出会います。できるかぎりよいプリントと出会ってほしいと思います。

子どもにとって、よいプリントとは何でしょう？

それは、サッとやりはじめ、ふと気がつけばできている。スイスイ、エスカレーターのようなしくみのあるプリントです。

「いつのまにか、できるようになった！」「もっと続きがやりたい！」

と、子どもがワクワクして、自ら次のプリントを求めるのです。

「もっとムズカシイ問題を解いてみたい！」

と、子どもが目をキラキラと輝かせる。そんな子どもたちの姿を思い描いて編集しました。

プリント学習が続かないことには理由があります。また、プリント1枚ができないことには理由があります。

数の感覚をつかむ必要性や、大人が想像する以上にスモールステップが必要であったり、同時に考えなければならない問題があったりします。

教科書問題を解くために、数多くのスモールステップ問題をつくりました。

少しずつ、「できることを増やしていく」プリント集。

子どもが自信をつけていき、学ぶことが楽しくなるプリント集。

ぜひ、このプリント集を使ってみてください。

子どもたちがワクワク、キラキラして、プリントに取り組んでいる姿が、目の前でひろがりますように。

藤原　光雄

シリーズ全巻の特長

◎子どもたちの学びの基本である教科書を中心に学習

○教科書で学習した内容を　思い出す、確かめる。
○教科書で学習した内容を　試してみる、使えるようにする。
○教科書で学習した内容を　できるようにする、自分のものにする。
○教科書で学習した内容を　説明できるようにする。

プリントを使うときに、そっと声をかけてあげてください。

- 「何がわかればいい？」
- 「どうしたらいいと思う？」
- 「図でかくとどんな感じ？」
- 「ここまでは大丈夫？」
- 「次は何をすればいいのかな？」
- 「どれくらいわかっている？」

◎算数科６年間の学びをスパイラル化！

算数科６年間の学習内容を、スパイラルを意識して配列しています。
予習や復習、発展的な課題提供として、ほかの学年の巻も使ってみてください。

このプリントの特長

○はじめの一歩をわかりやすく！

自学にも活用できるように、ヒントとなるように、うすい字でやり方や答えがかいてあります。なぞりながら答え方を身につけてください。

○ゆったり＆たっぷりの問題数！

問題を精選し、教科書の学びを身につけるための問題数をもりこみました。教科書のすみずみまで学べる問題や、標準的な学力の形成のために必要な習熟問題もたっぷり用意しています。

○数感覚から解き方が身につく！

問題を解くための数の感覚や、図形のとらえ方の感覚を大切にして問題を配列しています。

朝学習、スキマ学習、家庭学習など、さまざまな学習の場面で活用できます。
解答のページは「キリトリ線」を入れ、はずして答えあわせができます。

もくじ　小学3年生

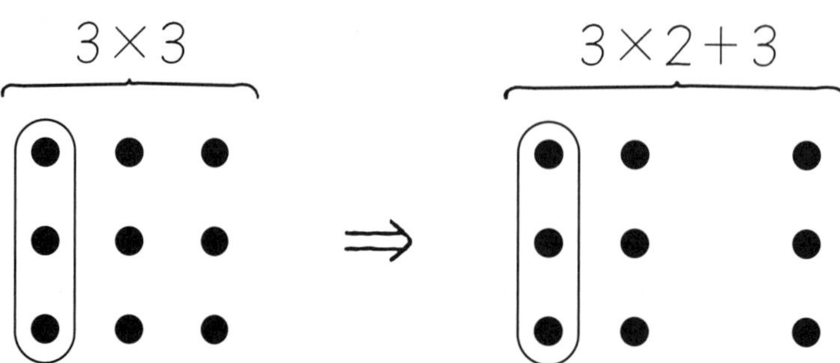

次の□にあてはまる数をかきましょう。

① 3×4＝3×3＋□

② 4×5＝4×4＋□

③ 5×6＝5×5＋□

④ 6×7＝6×6＋□

⑤ 7×4＝7×□＋7

⑥ 8×7＝8×□＋8

⑦ 9×6＝9×□＋9

かけ算 ②

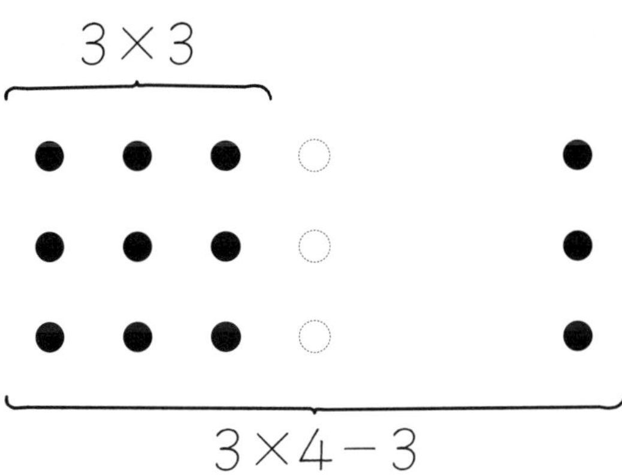

次の□にあてはまる数をかきましょう。

① 3×5＝3×6－□

② 4×4＝4×5－□

③ 5×4＝5×5－□

④ 6×7＝6×8－□

⑤ 7×5＝7×□－7

⑥ 8×6＝8×□－8

⑦ 9×7＝9×□－9

次(つぎ)の□にあてはまる数をかきましょう。

① $3 \times 5 = \square \times 3$

② $4 \times 8 = \square \times 4$

③ $6 \times 9 = \square \times 6$

④ $5 \times 6 = 6 \times \square$

⑤ $7 \times 4 = 4 \times \square$

⑥ $9 \times 8 = 8 \times \square$

3×0＝0，5×0＝0　のように、どんな数に0をかけても、答えは0になります。

0×2＝0，0×8＝0　のように、0にどんな数をかけても、答えは0になります。

1 かけ算 ④

1 次のかけ算をしましょう。

① $6 \times 0 = 0$　② $7 \times 0 = \square$

③ $8 \times 0 = \square$　④ $9 \times 0 = \square$

⑤ $5 \times 0 = \square$　⑥ $4 \times 0 = \square$

⑦ $3 \times 0 = \square$　⑧ $2 \times 0 = \square$

⑨ $1 \times 0 = \square$　⑩ $0 \times 0 = \square$

2 次のかけ算をしましょう。

① $0 \times 9 = 0$　② $0 \times 1 = \square$

③ $0 \times 2 = \square$　④ $0 \times 3 = \square$

⑤ $0 \times 4 = \square$　⑥ $0 \times 5 = \square$

⑦ $0 \times 6 = \square$　⑧ $0 \times 7 = \square$

⑨ $0 \times 8 = \square$　⑩ $0 \times 10 = 0$

1 かけ算 ⑤

かける数を分けて計算をしましょう。

①

5 × 6 〈 5 × 4 ＝ 20
　　　　 5 × 2 ＝ 10

あわせて 30

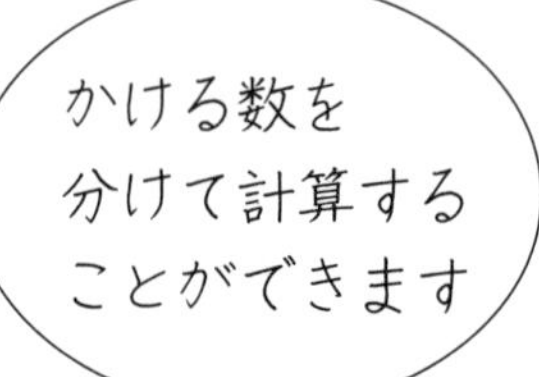

かける数を
分けて計算する
ことができます

②

8 × 7 〈 8 × 5 ＝ □
　　　　 8 × □ ＝ □

あわせて □

③

9 × 7 〈 9 × 5 ＝ □
　　　　 9 × □ ＝ □

あわせて □

④

7 × 8 〈 7 × 5 ＝ □
　　　　 7 × □ ＝ □

あわせて □

1 かけ算 ⑥

名前

● かけられる数を分けて計算をしましょう。

①

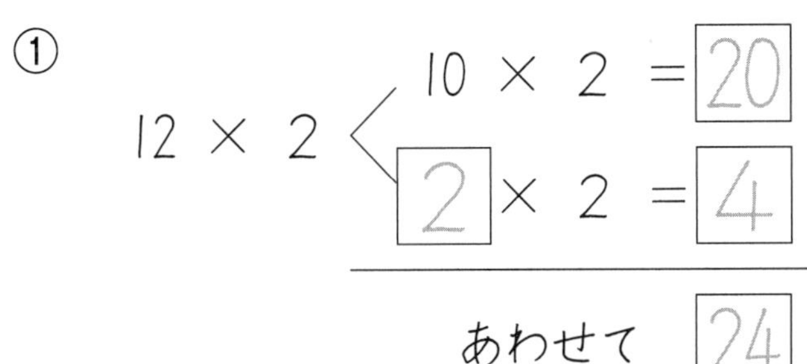

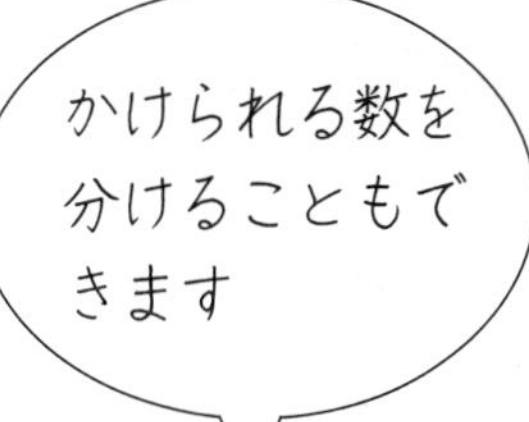

$$12 \times 2 \left\{ \begin{array}{l} 10 \times 2 = \boxed{20} \\ \boxed{2} \times 2 = \boxed{4} \end{array} \right.$$

あわせて $\boxed{24}$

かけられる数を
分けることもで
きます

②

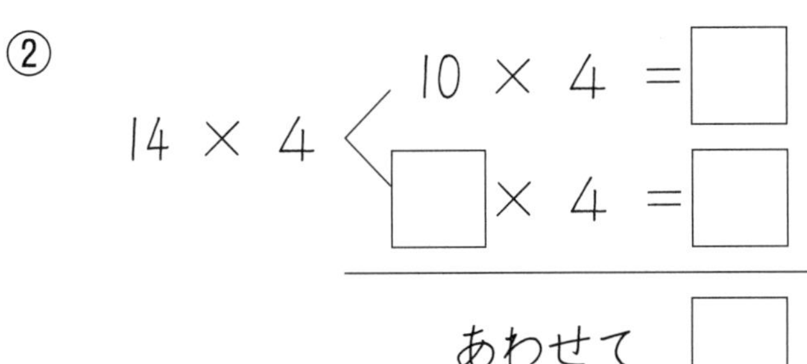

$$14 \times 4 \left\{ \begin{array}{l} 10 \times 4 = \boxed{} \\ \boxed{} \times 4 = \boxed{} \end{array} \right.$$

あわせて $\boxed{}$

③
$$18 \times 4 \left\{ \begin{array}{l} 10 \times 4 = \boxed{} \\ \boxed{} \times 4 = \boxed{} \end{array} \right.$$

あわせて $\boxed{}$

④
$$17 \times 6 \left\{ \begin{array}{l} 10 \times 6 = \boxed{} \\ \boxed{} \times 6 = \boxed{} \end{array} \right.$$

あわせて $\boxed{}$

2 時こくと時間 ①

名前

1 家を８時30分に出て、20分間歩くと学校につきました。ついた時こくは何時何分ですか。

答え 8時50分

2 公園を11時40分に出て、30分間歩くと学校につきました。ついた時こくは何時何分ですか。

答え

3 家を２時40分に出て、図書館（としょかん）に３時につきました。家から図書館までかかった時間は何分ですか。図にかいて考えましょう。

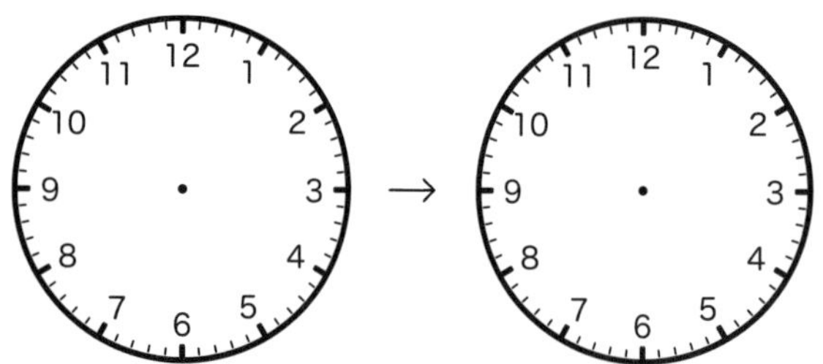

答え

4 家を８時40分に出て、公園に９時10分につきました。家から公園までかかった時間は何分ですか。図にかいて考えましょう。

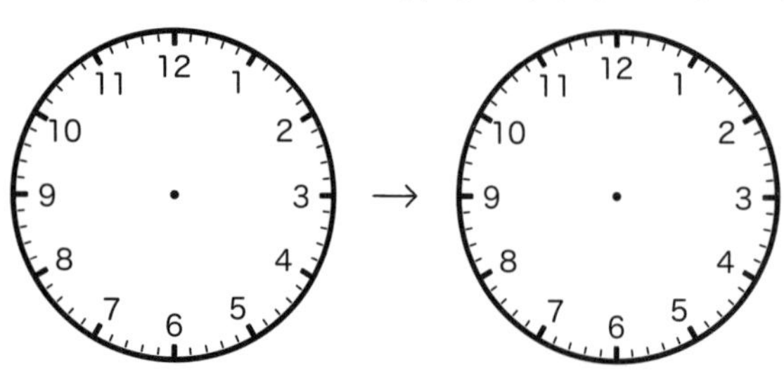

答え

2 時こくと時間 ②

名前

1 家を出て20分歩くと、10時50分に学校につきました。家を出た時こくは、何時何分ですか。図にかいて考えましょう。

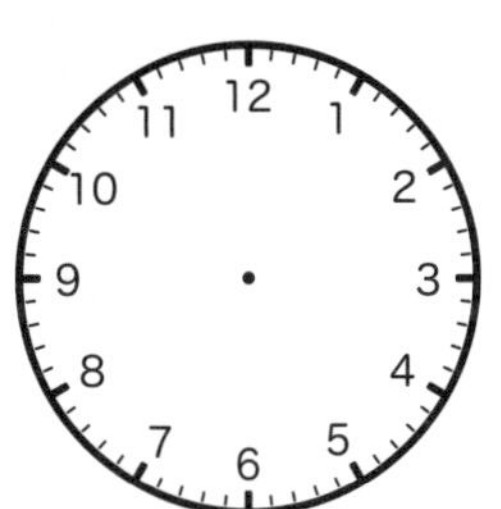

答え 10時30分

2 家を出て20分歩くと、3時10分に広場につきました。家を出た時こくは、何時何分ですか。図にかいて考えましょう。

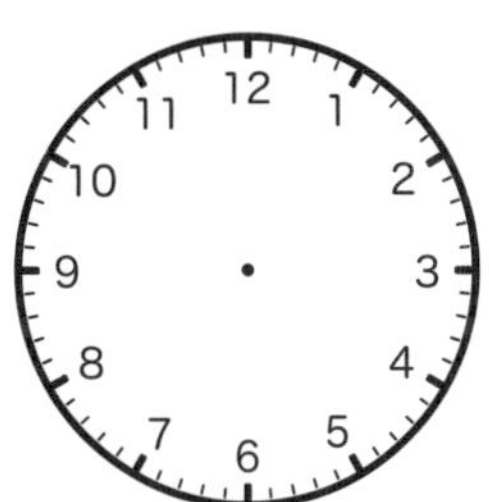

答え

3 図書館にいた時間は40分、東公園にいた時間は30分です。あわせて何時間何分ですか。

式 40＋30＝70

答え

4 遊園地（ゆうえんち）にいた時間は50分、西公園にいた時間は50分です。あわせて何時間何分ですか。

式

答え

2 時こくと時間 ③

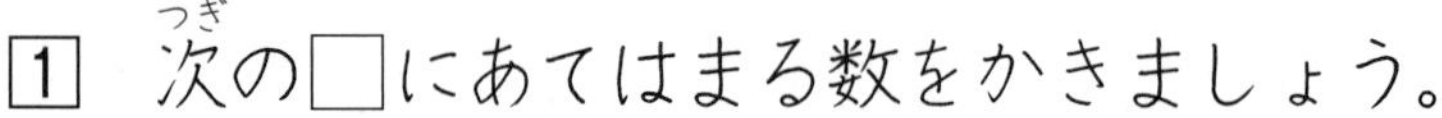

1 次の□にあてはまる数をかきましょう。

① 60 分 ＝ [1] 時間　　② 120 分 ＝ [ ] 時間

③ 180 分 ＝ [ ] 時間　　④ 240 分 ＝ [ ] 時間

⑤ 60 秒 ＝ [1] 分　　⑥ 120 秒 ＝ [ ] 分

⑦ 180 秒 ＝ [ ] 分　　⑧ 240 秒 ＝ [ ] 分

2 次の□にあてはまる数をかきましょう。

① 70 分 ＝ [1] 時間 [10] 分

② 90 分 ＝ [ ] 時間 [ ] 分

③ 100 分 ＝ [ ] 時間 [ ] 分

④ 150 秒 ＝ [ ] 分 [ ] 秒

⑤ 190 秒 ＝ [ ] 分 [ ] 秒

⑥ 200 秒 ＝ [ ] 分 [ ] 秒

2 時こくと時間 ④

名前

1 ストップウォッチは、何秒を表(あらわ)していますか。

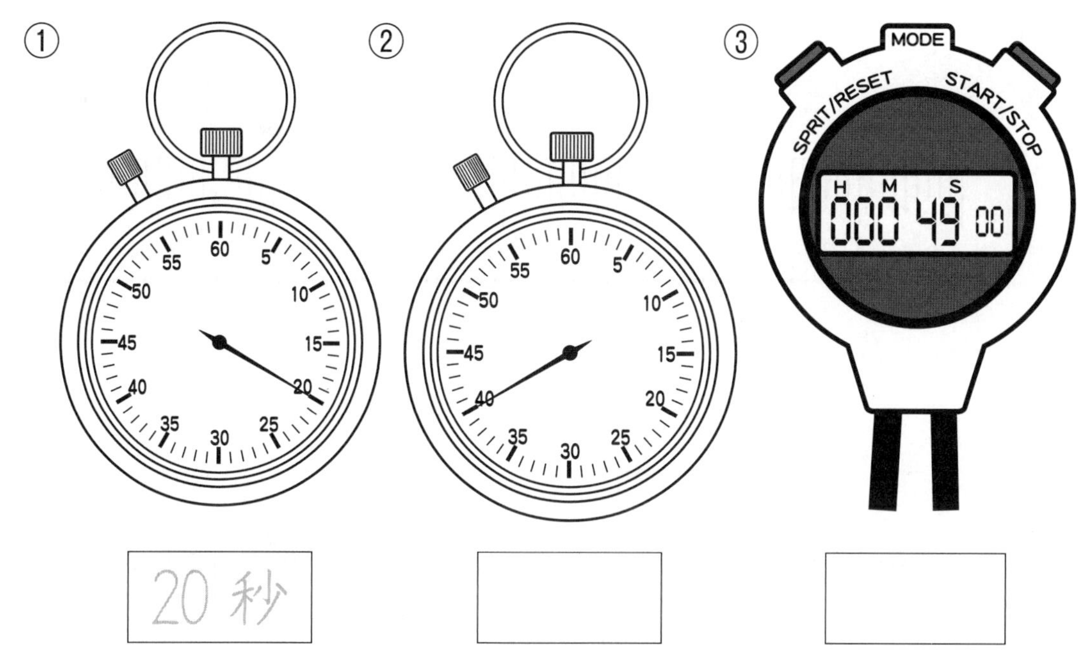

20秒

2 次の□にあてはまる時間のたんいをかきましょう。

① 算数のじゅぎょう時間 45 分

② カップめんがお湯(ゆ)をかけてできるまでの時間 3 □

③ テレビのコマーシャル1本の時間 15 □

④ 1日の時間 24 □

⑤ 1日のねている時間 9 □

3 長いものの長さ ①

名前

▼のめもりが表(あらわ)す長さをかきましょう。

①
3 m 50 cm

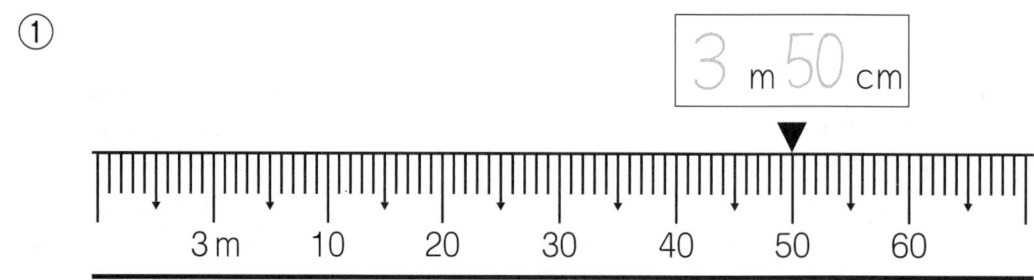

②
4 m 50 cm　　　m　　cm

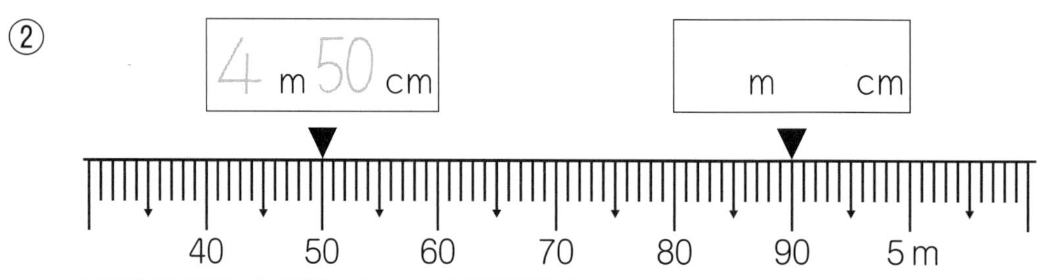

③
m　cm　　　m　cm

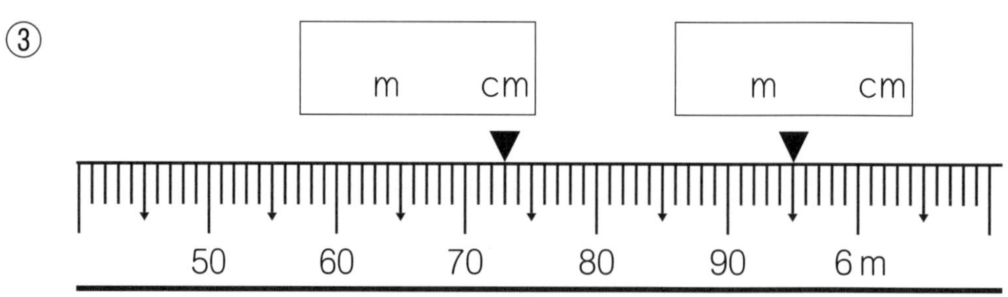

④
m　cm　　　m　cm

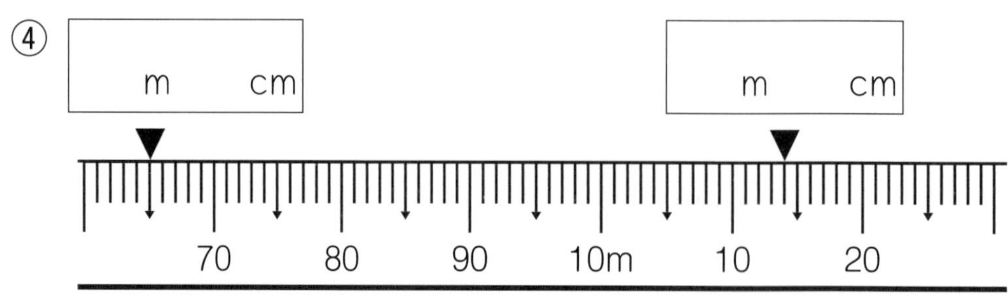

3 長いものの長さ ②

名前

1 トムの家から公園までのきょりと道のりをもとめましょう。

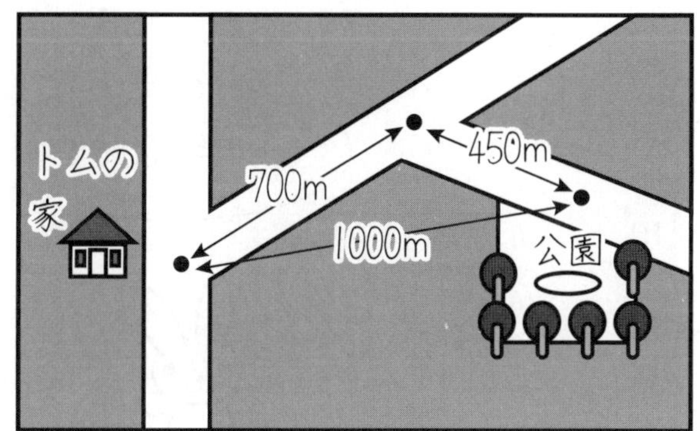

① きょりは何mですか。

（ 1000 m）

② 道のりは何mですか。

式 700 ＋ 450 ＝ 1150

答え m

2 メイの家から学校までのきょりと道のりをもとめましょう。

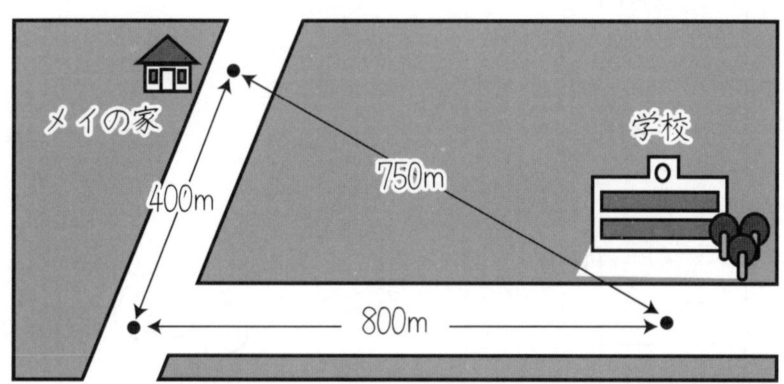

① きょりは何mですか。 （ m）

② 道のりは何mですか。

式

答え m

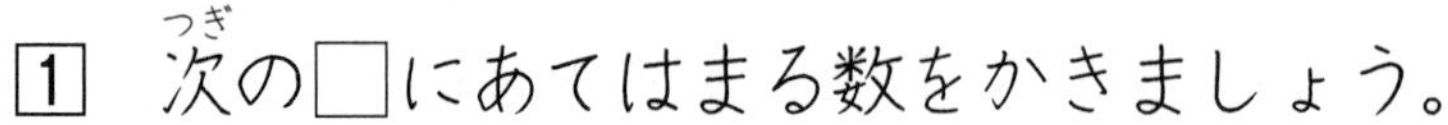

3 長いものの長さ ③

名前

1 次の□にあてはまる数をかきましょう。

① 1km ＝ [1000] m

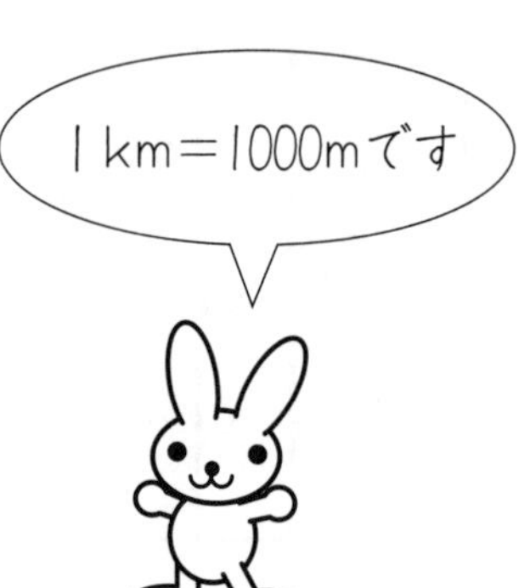

② 2km ＝ [　　] m

③ 5km ＝ [　　] m

④ 10km ＝ [　　] m

⑤ 12km ＝ [　　] m

⑥ 1000m ＝ [1] km

⑦ 6000m ＝ [　　] km

⑧ 10000m ＝ [　　] km

⑨ 20000m ＝ [　　] km

⑩ 25000m ＝ [　　] km

1 次の□にあてはまる数をかきましょう。

① 1100m ＝ [1] km [100] m

② 1303m ＝ □ km □ m

③ 5050m ＝ □ km □ m

④ 5005m ＝ □ km □ m

⑤ 6503m ＝ □ km □ m

2 次の□にあてはまるたんいをかきましょう。

① 遠足の道のり　4 [km]

② 教室の横（よこ）の長さ　10 □

③ つくえの横の長さ　60 □

④ ノートのあつさ　3 □

⑤ 東京（とうきょう）と大阪（おおさか）のきょり　504 □

4 わり算 ①

次の□にあてはまる数をかきましょう。

①	$2 \times \square = 8$	②	$3 \times \square = 12$
③	$5 \times \square = 10$	④	$2 \times \square = 12$
⑤	$4 \times \square = 8$	⑥	$6 \times \square = 12$
⑦	$6 \times \square = 48$	⑧	$8 \times \square = 16$
⑨	$7 \times \square = 14$	⑩	$9 \times \square = 18$
⑪	$3 \times \square = 18$	⑫	$7 \times \square = 21$
⑬	$2 \times \square = 14$	⑭	$4 \times \square = 20$
⑮	$7 \times \square = 49$	⑯	$5 \times \square = 35$
⑰	$4 \times \square = 16$	⑱	$9 \times \square = 36$
⑲	$5 \times \square = 25$	⑳	$8 \times \square = 40$

4 わり算 ②

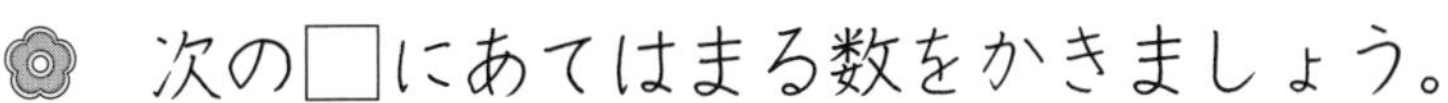

次の□にあてはまる数をかきましょう。

① 3×□＝27　　② 8×□＝48

③ 2×□＝16　　④ 9×□＝63

⑤ 4×□＝28　　⑥ 5×□＝20

⑦ 2×□＝18　　⑧ 6×□＝30

⑨ 5×□＝30　　⑩ 7×□＝42

⑪ 6×□＝42　　⑫ 9×□＝45

⑬ 4×□＝36　　⑭ 8×□＝64

⑮ 6×□＝54　　⑯ 9×□＝27

⑰ 4×□＝32　　⑱ 8×□＝72

⑲ 7×□＝56　　⑳ 5×□＝45

4 わり算 ③

1　クッキーが6まいあります。2人で同じ数ずつ分けると、1人分は何まいになりますか。

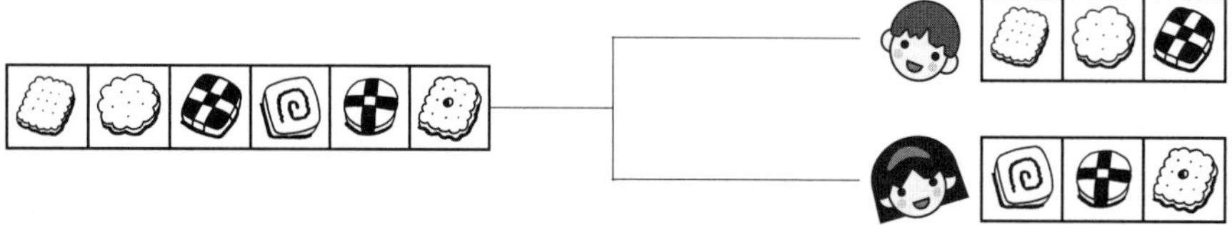

式　6 ÷ 2 = 3

答え　　まい

2　クッキーが6まいあります。3人で同じ数ずつ分けると、1人分は何まいになりますか。

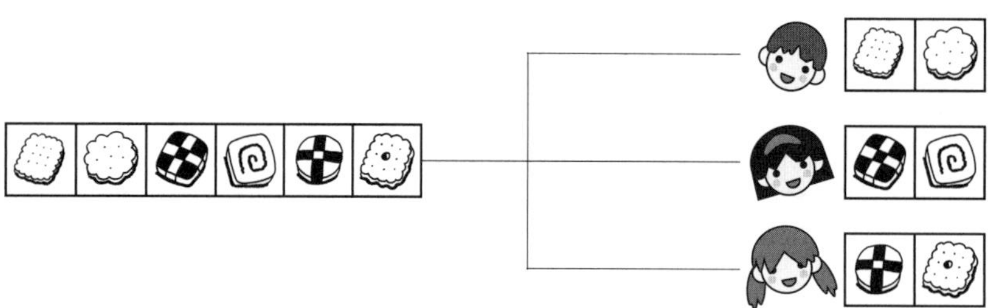

式　6 ÷ 3 = 2

答え

3　クッキーが12まいあります。3人で同じ数ずつ分けると、1人分は何まいになりますか。

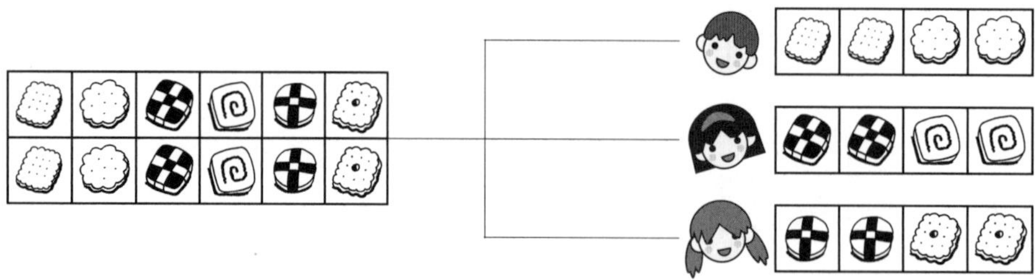

式

答え

4 わり算 ④

名前

1 いちごが20こあります。5人で同じ数ずつ分けると、1人分は何こになりますか。

式 20 ÷ 5 = 4

答え こ

2 いちごが20こあります。4人で同じ数ずつ分けると、1人分は何こになりますか。

式

答え

3 みかんが18こあります。6人で同じ数ずつ分けると、1人分は何こになりますか。

式

答え

4 みかんが18こあります。3人で同じ数ずつ分けると、1人分は何こになりますか。

式

答え

4 わり算 ⑤

名前

1 クッキーが10まいあります。1人に2まいずつ分けると、何人に分けられますか。

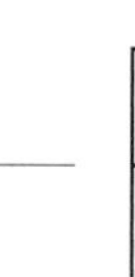

式（しき） 10 ÷ 2 = 5

答え　　　　人

2 クッキーが12まいあります。1人に3まいずつ分けると、何人に分けられますか。

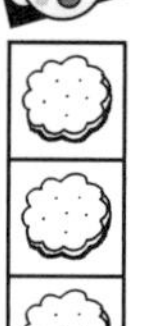

式

答え

3 クッキーが12まいあります。1人に2まいずつ分けると、何人に分けられますか。

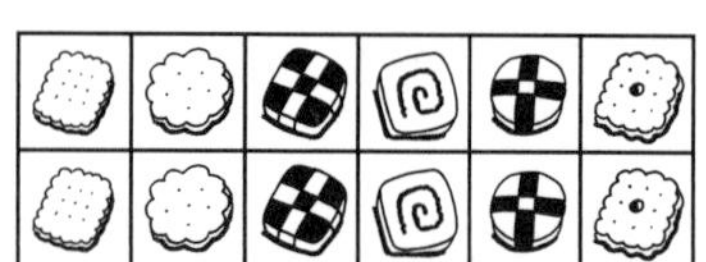

式

答え

4 わり算 ⑥

1 バラの花が20本あります。5本ずつの花たばにすると、花たばは何たばできますか。

式 20 ÷ 5 = 4

答え たば

2 カードが30まいあります。1人に5まいずつ分けると、何人に分けられますか。

式

答え

3 40このりんごを1つのかごに8こずつ入れると、かごは何こいりますか。

式

答え

4 ジュースが15dLあります。1人に3dLずつ分けると、何人に分けられますか。

式

答え

4 わり算 ⑦

名前

56÷8を下の表(ひょう)を見ながら考えましょう。

56÷8
わられる数　わる数

① わる数が8だから、右のらんの「÷8」を見る。
② 「÷8」を左にたどり、わられる数が56を見つける。
③ 56を下にたどって、答え7が見つかる。

わり算表

わられる数										わる数
0	1	2	3	4	5	6	7	8	9	÷ 1
0	2	4	6	8	10	12	14	16	18	÷ 2
0	3	6	9	12	15	18	21	24	27	÷ 3
0	4	8	12	16	20	24	28	32	36	÷ 4
0	5	10	15	20	25	30	35	40	45	÷ 5
0	6	12	18	24	30	36	42	48	54	÷ 6
0	7	14	21	28	35	42	49	56	63	÷ 7
0	8	16	24	32	40	48	56	64	72	÷ 8 ①
0	9	18	27	36	45	54	63	72	81	÷ 9
0	1	2	3	4	5	6	7	8	9	
答え							③			

わる数8のだんの九九から、答えを見つけます。

✿ わり算表を見て、次(つぎ)のわり算をしましょう。

① $35 \div 5 =$ □　　② $24 \div 4 =$ □

③ $36 \div 6 =$ □　　④ $63 \div 7 =$ □

4 わり算 ⑧

2÷1を考えましょう。キャラメル2こを、1人で分けることなので、2÷1＝2　1人分は2こになります。

1 次の計算をしましょう。

① 9÷1＝□　　② 5÷1＝□

③ 4÷1＝□　　④ 8÷1＝□

⑤ 7÷1＝□　　⑥ 6÷1＝□

0÷2を考えましょう。キャラメル0こを、2人で等しく分けることですが、キャラメルは0こなので1人分は0こになります。

0÷2＝0

2 次の計算をしましょう。

① 0÷3＝□　　② 0÷7＝□

③ 0÷9＝□　　④ 0÷4＝□

⑤ 0÷5＝□　　⑥ 0÷8＝□

4 わり算 ⑨

次(つぎ)の計算をしましょう。

① $27 \div 3 =$ □　② $64 \div 8 =$ □

③ $42 \div 7 =$ □　④ $48 \div 6 =$ □

⑤ $20 \div 5 =$ □　⑥ $63 \div 7 =$ □

⑦ $56 \div 8 =$ □　⑧ $27 \div 9 =$ □

⑨ $54 \div 9 =$ □　⑩ $28 \div 4 =$ □

⑪ $16 \div 8 =$ □　⑫ $18 \div 6 =$ □

⑬ $20 \div 4 =$ □　⑭ $9 \div 3 =$ □

⑮ $10 \div 5 =$ □　⑯ $12 \div 4 =$ □

⑰ $24 \div 3 =$ □　⑱ $25 \div 5 =$ □

⑲ $30 \div 6 =$ □　⑳ $28 \div 7 =$ □

4 わり算 ⑩

次の計算をしましょう。

① $32 \div 8 =$ □

② $21 \div 7 =$ □

③ $30 \div 5 =$ □

④ $12 \div 6 =$ □

⑤ $18 \div 3 =$ □

⑥ $16 \div 4 =$ □

⑦ $54 \div 6 =$ □

⑧ $40 \div 8 =$ □

⑨ $72 \div 9 =$ □

⑩ $15 \div 3 =$ □

⑪ $49 \div 7 =$ □

⑫ $64 \div 8 =$ □

⑬ $18 \div 9 =$ □

⑭ $54 \div 9 =$ □

⑮ $72 \div 8 =$ □

⑯ $12 \div 3 =$ □

⑰ $14 \div 2 =$ □

⑱ $40 \div 5 =$ □

⑲ $24 \div 6 =$ □

⑳ $36 \div 6 =$ □

4 わり算 ⑪

名前 

次(つぎ)の計算をしましょう。

① $24 \div 3 =$ □　　② $24 \div 8 =$ □

③ $8 \div 4 =$ □　　④ $36 \div 9 =$ □

⑤ $56 \div 7 =$ □　　⑥ $6 \div 2 =$ □

⑦ $48 \div 8 =$ □　　⑧ $35 \div 7 =$ □

⑨ $42 \div 6 =$ □　　⑩ $81 \div 9 =$ □

⑪ $63 \div 9 =$ □　　⑫ $16 \div 2 =$ □

⑬ $14 \div 7 =$ □　　⑭ $35 \div 5 =$ □

⑮ $21 \div 3 =$ □　　⑯ $24 \div 4 =$ □

⑰ $8 \div 2 =$ □　　⑱ $18 \div 2 =$ □

⑲ $36 \div 4 =$ □　　⑳ $45 \div 5 =$ □

4 わり算 ⑫

名前

[1] メロンが16こあります。同じ数ずつ２人に分けると、１人分は何こになりますか。

式

答え　　　　　　こ

[2] えんぴつが30本あります。同じ数ずつ６人に分けると、１人分は何本になりますか。

式

答え　　　　　　本

[3] バラの花が20本あります。５本ずつの花たばにすると、花たばは何たばできますか。

式

答え

[4] 麦茶が21dLあります。１人に３dLずつ分けると、何人に分けられますか。

式

答え

5 たし算とひき算の筆算 ①

356＋432 の筆算（ひっさん）を考えます。

	3	5	6
＋	4	3	2
	7	8	8

- くらいをそろえてかく。
- 一のくらいから、じゅんに計算する。

次（つぎ）の計算をしましょう。

①

	5	4	6
＋	4	5	3

②

	1	2	4
＋	4	3	1

③

	2	3	4
＋	4	3	2

④

	2	4	2
＋	5	3	5

⑤

	3	6	1
＋	2	2	5

⑥

	4	5	3
＋	3	1	6

5 たし算とひき算の筆算 ②

名前

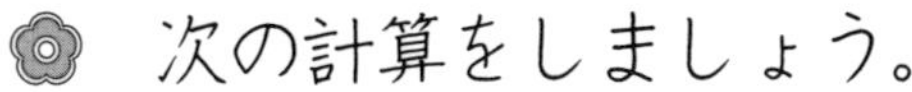

次の計算をしましょう。

①

	2	1	7
+	1	7	3
	3	9	0

②

	2	2	8
+	3	3	2

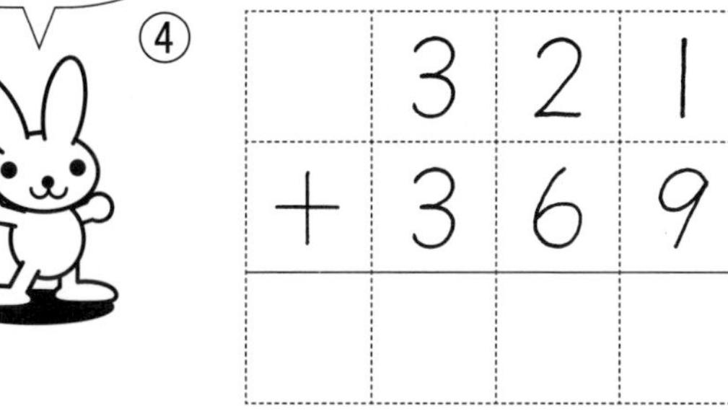

③

	2	5	4
+	4	3	6

④

	3	2	1
+	3	6	9

⑤

	3	5	7
+	1	6	2

⑥

	2	8	3
+	3	8	3

⑦

	6	8	7
+	2	9	1

⑧

	4	8	4
+	3	6	2

5 たし算とひき算の筆算 ③

名前

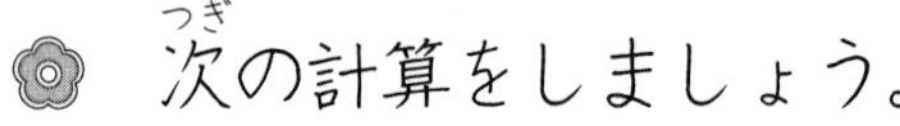

次(つぎ)の計算をしましょう。

①

	5	6	7
＋	2	8	6
	8	5	3

②

	3	4	5
＋	3	6	9

③

	5	6	3
＋	3	5	7

④

	4	8	6
＋	4	5	6

⑤

	3	8	5
＋	3	4	5

⑥

	2	6	5
＋	3	5	6

⑦

	2	8	7
＋	4	5	8

⑧

	3	8	3
＋	5	9	7

5 たし算とひき算の筆算 ④

名前

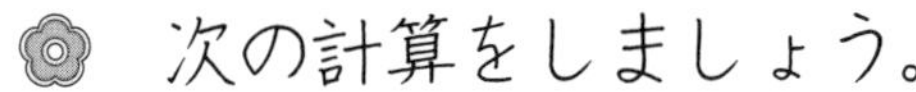

次の計算をしましょう。

①

	3	6	9
＋	2	3	5

②

	2	5	8
＋	5	4	7

③

	6	2	5
＋	1	7	8

④

	4	9	5
＋	3	0	8

⑤

	2	4	6
＋	3	5	4

⑥

	5	2	8
＋	2	7	2

⑦

	4	6	5
＋	1	3	5

⑧

	2	1	7
＋	3	8	3

5 たし算とひき算の筆算 ⑤

367－135 の筆算を考えます。

	3	6	7
－	1	3	5
	2	3	2

- くらいをそろえてかく。
- 一のくらいから、じゅんに計算する。

次の計算をしましょう。

①

	5	7	8
－	3	4	5

②

	9	6	8
－	3	6	2

③

	4	7	5
－	1	4	2

④

	7	6	8
－	3	2	5

⑤

	5	8	9
－	3	5	7

⑥

	5	9	6
－	2	6	3

5 たし算とひき算の筆算 ⑥

名前

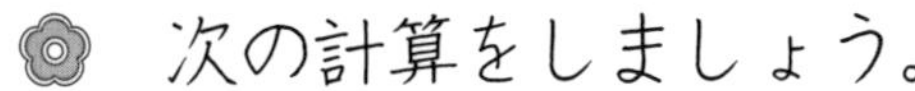

次の計算をしましょう。

①

	5	8	4
－	3	1	5

②

	5	7	2
－	3	5	6

③

	4	8	3
－	2	1	9

④

	5	6	4
－	3	3	6

⑤

	4	2	5
－	1	8	3

⑥

	8	4	7
－	3	6	5

⑦

	5	3	7
－	2	7	6

⑧

	7	1	8
－	3	6	6

たし算とひき算の筆算 ⑦

次(つぎ)の計算をしましょう。

①

	2	2	3
−	1	3	5
		8	8

②

	4	2	1
−	3	6	2

③

	3	6	2
−	1	7	3

④

	6	2	3
−	4	3	6

⑤

	5	1	0
−	3	1	5

⑥

	4	2	0
−	1	5	6

⑦

	3	2	0
−	1	4	8

⑧

	4	3	0
−	1	6	4

5 たし算とひき算の筆算 ⑧

次の計算をしましょう。

①

	4	9	
	5	0	0
−	1	0	5
	3	9	5

②

	4	0	0
−	2	0	3

③

	8	0	0
−	1	0	6

④

	6	0	0
−	4	0	7

⑤

	5	0	3
−	2	7	5

⑥

	4	0	5
−	1	8	8

⑦

	6	0	1
−	2	7	3

⑧

	3	0	1
−	1	5	6

5 たし算とひき算の筆算 ⑨

名前

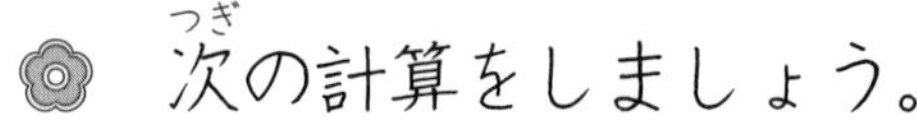

次(つぎ)の計算をしましょう。

①
```
  2534
+ 7285
  9819
```

②
```
  1456
+ 3251
```

③
```
  6253
+ 1507
```

④
```
  5048
+ 2923
```

⑤
```
  2708
+ 6093
```

⑥
```
  7233
+ 1667
```

⑦
```
  2577
+ 7288
```

⑧
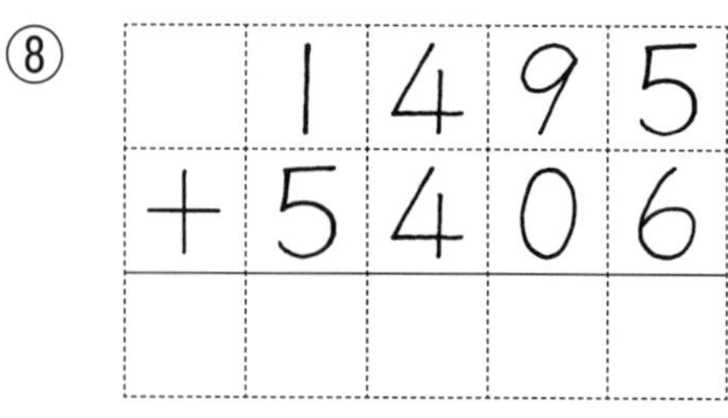
```
  1495
+ 5406
```

たし算とひき算の筆算 ⑩

名前

次の計算をしましょう。

①

	6	7	8	9
−	1	2	3	4
	5	5	5	5

②

	9	8	7	6
−	2	3	4	5

③

	8	4	5	2
−	2	4	2	6

④

	5	8	4	3
−	4	1	3	7

⑤

	8	7	4	1
−	2	1	4	8

⑥

	6	7	4	2
−	2	4	8	6

⑦

	7	2	5	3
−	3	7	6	9

⑧

	6	4	2	3
−	2	8	9	7

6 暗算①

名前

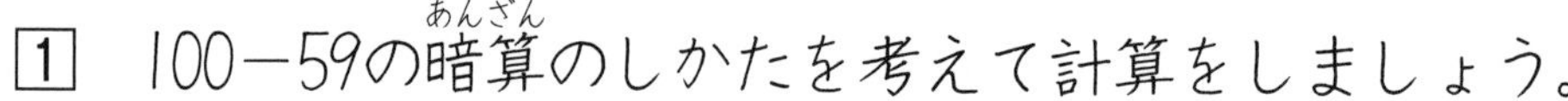

1 100−59の暗算（あんざん）のしかたを考えて計算をしましょう。

100 −59 =100 −50 −9 =

100 −59 =100 −60 +1 =

いろいろな
計算のしかた
があります

答え ＿＿＿＿

2 100−39の暗算のしかたを考えて計算をしましょう。

100 −39 =100 −30 − =

100 −39 =100 −40 + =

答え ＿＿＿＿

3 100−79の暗算のしかたを考えて計算をしましょう。

100 −79 =100 −70 =

100 −79 =100 −80 =

答え ＿＿＿＿

6 暗　算 ②

名前

1 100－47の暗算のしかたを考えて計算をしましょう。

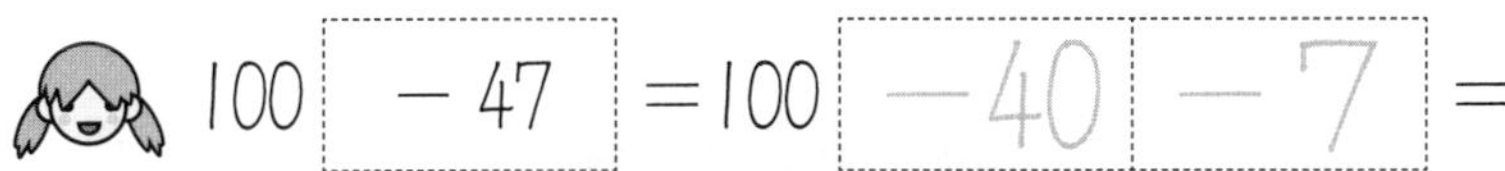

100 －47 ＝100 －40 －7 ＝

100 －47 ＝100 －50 ＋3 ＝

自分がはやく
できるしかたを
見つけましょう

答え

2 100－23の暗算のしかたを考えて計算をしましょう。

100 －23 ＝100 －20 － ＝

100 －23 ＝100 －30 ＋ ＝

答え

3 100－41の暗算のしかたを考えて計算をしましょう。

100 －41 ＝100 －40 ＝

100 －41 ＝100 －50 ＝

答え

7 あまりのあるわり算 ①

名前

1　いちごが14こあります。3人で同じ数ずつ分けると、1人分は何こになって、何こあまりますか。

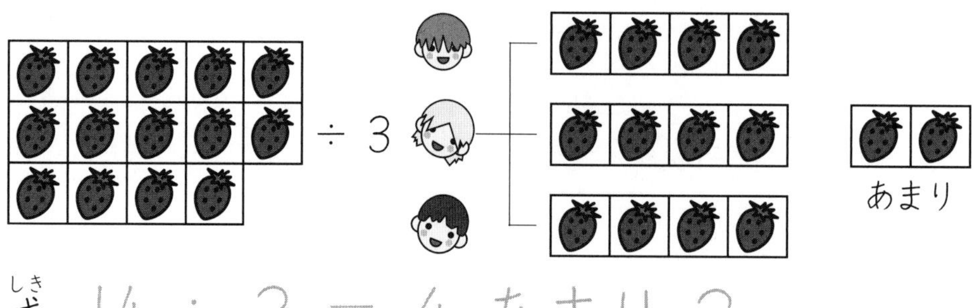

式　14 ÷ 3 = 4 あまり 2

答え　1人分は　　　こで、　　　こあまる

2　色紙が20まいあります。7人で同じ数ずつ分けると、1人分は何まいになって、何まいあまりますか。

式

答え　1人分は　　　まいで、　　　まいあまる

3　あめを8人で同じ数ずつ分けます。あめは54こです。1人分は何こになって、何こあまりますか。

式

答え　1人分は　　　こで、　　　こあまる

7 あまりのあるわり算 ②

名前

1 みかんが7こあります。1人に2こずつ分けると、何人に分けられて、何こあまりますか。

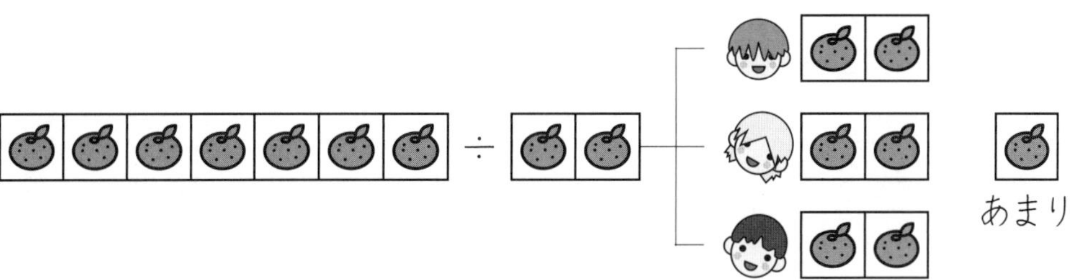

式 7÷2＝3あまり1

答え　　　　に分けられて、　　　　あまる

2 みかんが17こあります。1人に6こずつ分けると何人に分けられて、何こあまりますか。

式

答え　　　　に分けられて、　　　　あまる

3 ケーキが18こあります。1人に5こずつ分けると何人に分けられて、何こあまりますか。

式

答え　　　　に分けられて、　　　　あまる

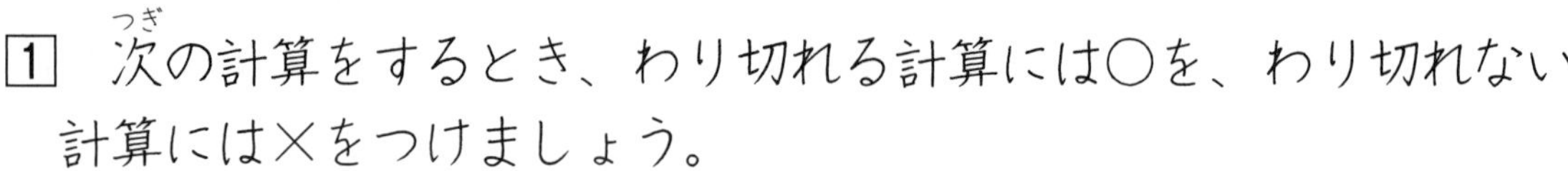

1 次の計算をするとき、わり切れる計算には○を、わり切れない計算には×をつけましょう。

① ○ 6 ÷ 2　② □ 12 ÷ 2

③ × 7 ÷ 3　④ □ 9 ÷ 3

⑤ □ 8 ÷ 4　⑥ □ 16 ÷ 4

⑦ □ 9 ÷ 5　⑧ □ 11 ÷ 5

⑨ □ 8 ÷ 6　⑩ □ 25 ÷ 6

2 次の計算で、あまりが正しい計算（あまりがわる数より小さくなっている）には○をつけましょう。

① ○ 7 ÷ 2 ＝ 3 あまり 1

② □ 13 ÷ 3 ＝ 1 あまり 10

③ □ 17 ÷ 4 ＝ 1 あまり 13

④ □ 25 ÷ 3 ＝ 6 あまり 7

⑤ □ 15 ÷ 4 ＝ 3 あまり 3

⑥ □ 26 ÷ 3 ＝ 7 あまり 5

7 あまりのあるわり算 ④

名前

次の計算の答えをたしかめましょう。

① わり算　7 ÷ 2 = 3 あまり 1

たしかめ　2 × 3 + 1 = 7

② わり算　17 ÷ 3 = 5 あまり 2

たしかめ　□ × □ + □ = □

あまりがあっても、
もとの数にもどる
たしかめ算の形を
おぼえましょう

③ わり算　21 ÷ 4 = 5 あまり 1

たしかめ　□ × □ + □ = □

④ わり算　35 ÷ 6 = 5 あまり 5

たしかめ　□ × □ + □ = □

⑤ わり算　42 ÷ 8 = 5 あまり 2

たしかめ　□ × □ + □ = □

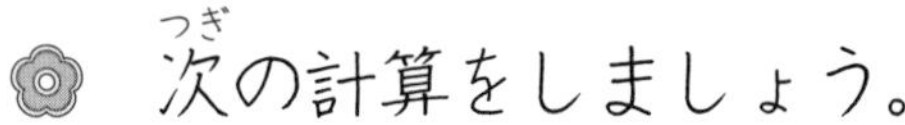

7 あまりのあるわり算 ⑤

名前

次の計算をしましょう。

① 29÷6＝　　あまり

② 33÷8＝　　あまり

③ 21÷5＝　　あまり

④ 88÷9＝　　あまり

⑤ 25÷7＝　　あまり

⑥ 17÷8＝　　あまり

⑦ 23÷4＝　　あまり

⑧ 55÷6＝　　あまり

⑨ 57÷8＝　　あまり

⑩ 47÷9＝　　あまり

⑪ 82÷9＝　　あまり

⑫ 39÷5＝　　あまり

⑬ 68÷8＝　　あまり

⑭ 47÷6＝　　あまり

⑮ 18÷5＝　　あまり

⑯ 38÷7＝　　あまり

⑰ 39÷8＝　　あまり

⑱ 9÷4＝　　あまり

⑲ 17÷6＝　　あまり

⑳ 22÷5＝　　あまり

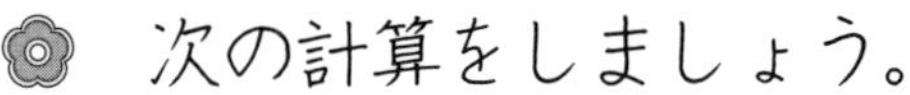

7 あまりのあるわり算 ⑥

名前

次の計算をしましょう。

① 13÷2＝　　あまり

② 37÷6＝　　あまり

③ 8÷6＝　　あまり

④ 47÷7＝　　あまり

⑤ 74÷9＝　　あまり

⑥ 22÷4＝　　あまり

⑦ 43÷6＝　　あまり

⑧ 58÷6＝　　あまり

⑨ 17÷7＝　　あまり

⑩ 22÷3＝　　あまり

⑪ 74÷8＝　　あまり

⑫ 58÷9＝　　あまり

⑬ 48÷9＝　　あまり

⑭ 36÷5＝　　あまり

⑮ 15÷4＝　　あまり

⑯ 34÷4＝　　あまり

⑰ 36÷7＝　　あまり

⑱ 58÷7＝　　あまり

⑲ 46÷8＝　　あまり

⑳ 13÷5＝　　あまり

7 あまりのあるわり算 ⑦

次の計算をしましょう。

① 52÷7＝　　あまり

② 10÷4＝　　あまり

③ 22÷9＝　　あまり

④ 25÷9＝　　あまり

⑤ 40÷7＝　　あまり

⑥ 53÷7＝　　あまり

⑦ 12÷8＝　　あまり

⑧ 13÷9＝　　あまり

⑨ 23÷6＝　　あまり

⑩ 33÷7＝　　あまり

⑪ 71÷9＝　　あまり

⑫ 41÷9＝　　あまり

⑬ 60÷8＝　　あまり

⑭ 55÷8＝　　あまり

⑮ 11÷7＝　　あまり

⑯ 44÷9＝　　あまり

⑰ 52÷8＝　　あまり

⑱ 30÷8＝　　あまり

⑲ 80÷9＝　　あまり

⑳ 21÷6＝　　あまり

7 あまりのあるわり算 ⑧

次の計算をしましょう。

① 52÷9＝　　あまり

② 62÷9＝　　あまり

③ 51÷8＝　　あまり

④ 15÷8＝　　あまり

⑤ 61÷7＝　　あまり

⑥ 35÷9＝　　あまり

⑦ 43÷9＝　　あまり

⑧ 50÷6＝　　あまり

⑨ 20÷7＝　　あまり

⑩ 25÷9＝　　あまり

⑪ 61÷8＝　　あまり

⑫ 51÷7＝　　あまり

⑬ 20÷6＝　　あまり

⑭ 41÷6＝　　あまり

⑮ 21÷9＝　　あまり

⑯ 30÷9＝　　あまり

⑰ 13÷7＝　　あまり

⑱ 31÷8＝　　あまり

⑲ 22÷8＝　　あまり

⑳ 22÷6＝　　あまり

7 あまりのあるわり算 ⑨

名前

◎ 次(つぎ)の計算をしましょう。

① 85÷9＝　　あまり

② 54÷7＝　　あまり

③ 20÷9＝　　あまり

④ 33÷6＝　　あまり

⑤ 66÷8＝　　あまり

⑥ 11÷6＝　　あまり

⑦ 71÷8＝　　あまり

⑧ 9÷5＝　　あまり

⑨ 55÷9＝　　あまり

⑩ 53÷6＝　　あまり

⑪ 40÷9＝　　あまり

⑫ 29÷7＝　　あまり

⑬ 13÷3＝　　あまり

⑭ 10÷7＝　　あまり

⑮ 50÷8＝　　あまり

⑯ 43÷8＝　　あまり

⑰ 38÷4＝　　あまり

⑱ 42÷9＝　　あまり

⑲ 40÷6＝　　あまり

⑳ 26÷6＝　　あまり

7 あまりのあるわり算 ⑩

次の計算をしましょう。

① $34 \div 9 =$	あまり	② $19 \div 2 =$	あまり
③ $28 \div 5 =$	あまり	④ $14 \div 8 =$	あまり
⑤ $53 \div 9 =$	あまり	⑥ $26 \div 3 =$	あまり
⑦ $47 \div 5 =$	あまり	⑧ $11 \div 4 =$	あまり
⑨ $32 \div 7 =$	あまり	⑩ $44 \div 7 =$	あまり
⑪ $65 \div 8 =$	あまり	⑫ $16 \div 9 =$	あまり
⑬ $62 \div 8 =$	あまり	⑭ $19 \div 4 =$	あまり
⑮ $38 \div 9 =$	あまり	⑯ $31 \div 7 =$	あまり
⑰ $23 \div 8 =$	あまり	⑱ $65 \div 7 =$	あまり
⑲ $68 \div 9 =$	あまり	⑳ $55 \div 7 =$	あまり

7 あまりのあるわり算 ⑪

1　ケーキが14こあります。1箱にケーキを4こずつ入れます。全部のケーキを入れるには、箱が何こあるとよいですか。

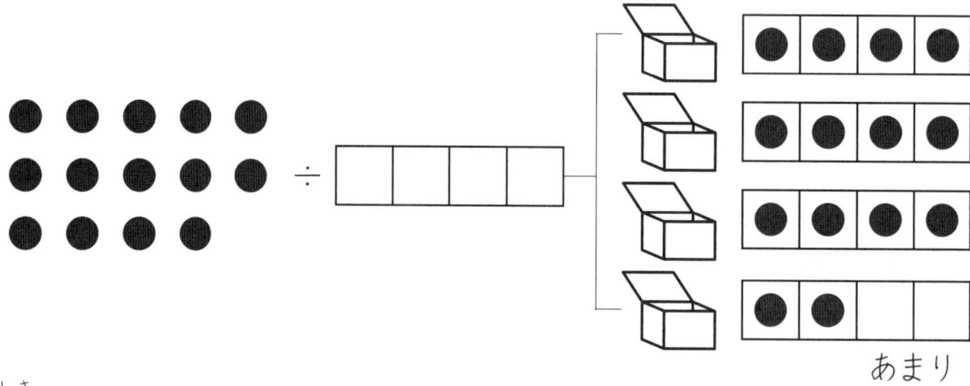

式　14 ÷ 4 ＝ 3 あまり 2

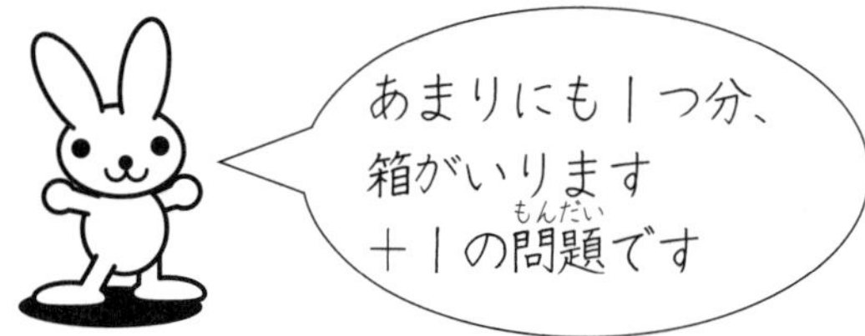

あまりにも1つ分、
箱がいります
＋1の問題です

答え　4こ

2　みかんが35こあります。1箱にみかんを6こずつ入れます。全部のみかんを入れるには、箱が何こあるとよいですか。

式

答え

3　トマトが65こあります。1箱にトマトを8こずつ入れます。全部のトマトを入れるには、箱が何こあるとよいですか。

式

答え

7 あまりのあるわり算 ⑫

1 いちごが18こあります。このいちご4こで、1つのパックにします。いちごが4こ入ったパックは何パックできますか。

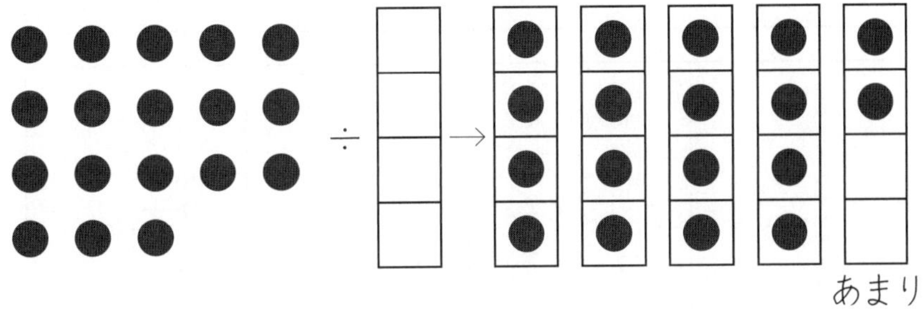

式 18 ÷ 4 = 4 あまり 2

きっちりいくつできるかを計算します

答え ＿＿＿＿＿＿

2 花が20本あります。この花3本で、1つの花たばにします。3本の花たばは何たばできますか。

式

答え ＿＿＿＿＿＿

3 えんぴつが30本あります。このえんぴつ4本で、1つのたばにします。4本のえんぴつのたばは何たばできますか。

式

答え ＿＿＿＿＿＿

次(つぎ)の数について答えましょう。

一万のくらい	千のくらい	百のくらい	十のくらい	一のくらい
2	5	1	3	4

① 25134 の読み方を漢数字(かんすうじ)でかきましょう。

（二万五千百三十四）

② 次の□にあてはまる数をかきましょう。

25134は、一万を 2 こ、千を 5 こ、百を 1 こ、十を 3 こ、一を 4 こあわせた数。

③ 25134 の一万のくらいの数は何ですか。

（ 2 ）

8 大きい数のしくみ ②

名前

次の数を読んでかきましょう。

①

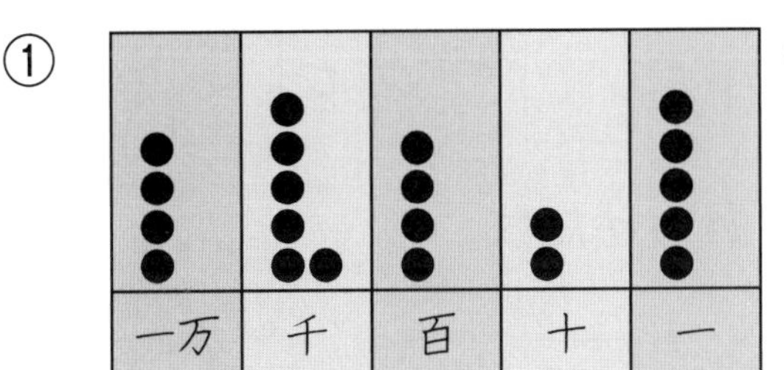

（四万六千四百二十五）

②

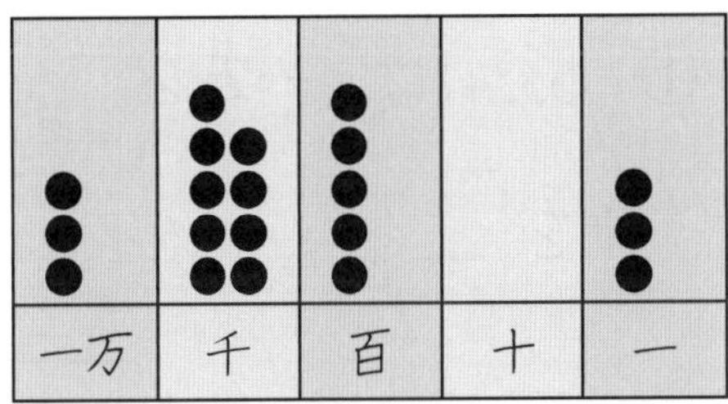

（　　　　　　　　）

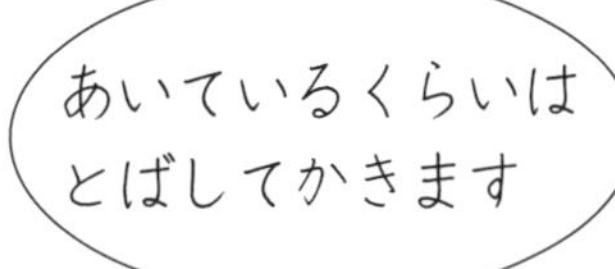

あいているくらいは
とばしてかきます

③

一万	千	百	十	一

（　　　　　　　　）

④

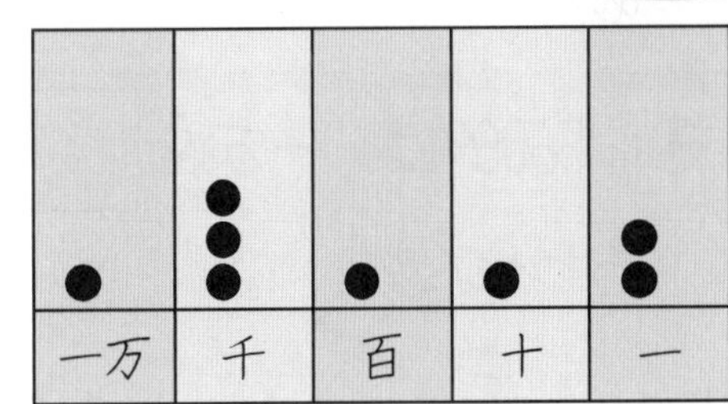

（　　　　　　　　）

⑤

一万	千	百	十	一

（　　　　　　　　）

⑥

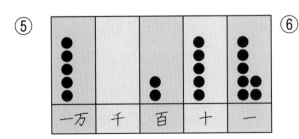

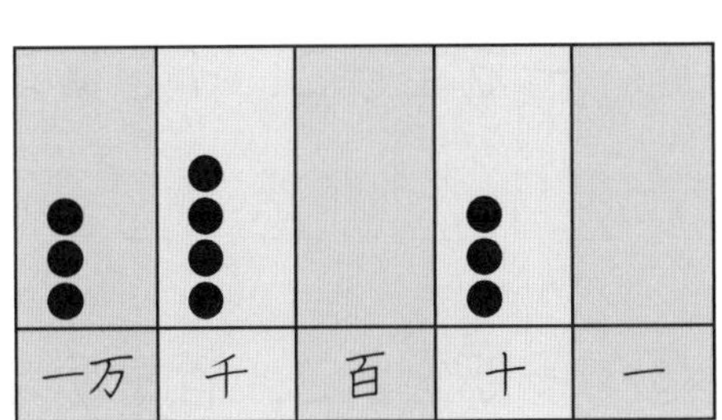

（　　　　　　　　）

8 大きい数のしくみ ③

名前

1 次(つぎ)の□にあてはまる数をかきましょう。

① 53241は、一万を［5］こ、千を［3］こ、百を［2］こ、十を［4］こ、一を［1］こ、あわせた数。

② 39047は、一万を［　］こ、千を［　］こ、十を［　］こ、一を［　］こ、あわせた数。

③ 90840は、一万を［　］こ、百を［　］こ、十を［　］こ、あわせた数。

④ 56009は、一万を［　］こ、千を［　］こ、一を［　］こ、あわせた数。

2 次の数をかきましょう。

① 一万を5こ、千を6こ、百を7こ、十を8こ、一を8こあわせた数。

（56788）

② 一万を6こ、千を7こ、十を9こ、あわせた数。

（　　　　）

③ 一万を7こ、百を9こ、十を7こ、一を6こあわせた数。

（　　　　）

8 大きい数のしくみ ④

名前

1 次の数をかきましょう。

						万	千	百	十	一
① 千が10こで	一万				1	0	0	0	0
② 一万が10こで									
③ 十万が10こで									
④ 百万が10こで									

2 次の□にあてはまる数をかきましょう。

① 13142640は、千万を 1 こ、百万を 3 こ、十万を 1 こ、一万を 4 こ、千を 2 こ、百を 6 こ、十を 4 こ、あわせた数。

② 72694583は、千万を □ こ、百万を □ こ、十万を □ こ、一万を □ こ、千を □ こ、百を □ こ、十を □ こ、一を □ こ、あわせた数。

③ 62040930は、千万を □ こ、百万を □ こ、一万を □ こ、百を □ こ、十を □ こ、あわせた数。

8 大きい数のしくみ ⑤

名前

1 次(つぎ)の数をかきましょう。

① 1000を2こ、集(あつ)めた数。　(　　　　　)

② 1000を9こ、集めた数。　(　　　　　)

③ 1000を10こ、集めた数。　(　　　　　)

④ 1000を25こ、集めた数。　(　　　　　)

⑤ 1000を50こ、集めた数。　(　　　　　)

2 次の□にあてはまる数をかきましょう。

① 5000は1000を 5 こ、集めた数。

② 8000は1000を □ こ、集めた数。

③ 10000は1000を □ こ、集めた数。

④ 15000は1000を □ こ、集めた数。

⑤ 85000は1000を □ こ、集めた数。

⑥ 980000は1000を □ こ、集めた数。

8 大きい数のしくみ ⑥

名前

次の数直線を見て答えましょう。

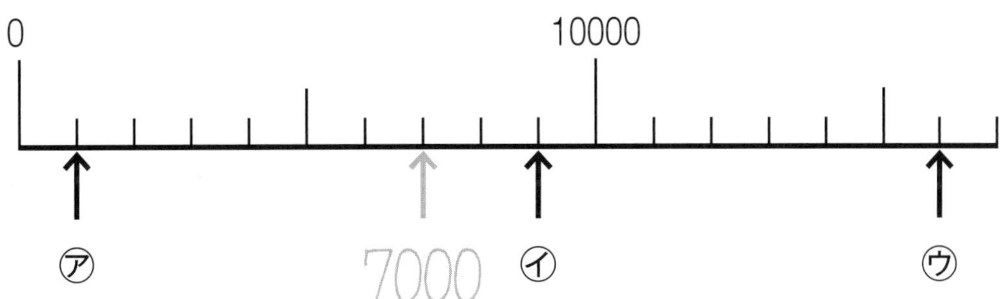

① 1めもり分はいくつですか。

（ 1000 ）

② ㋐、㋑、㋒のめもりが表す数をかきましょう。

㋐（　　　　）　㋑（　　　　）　㋒（　　　　）

③ 7000と12000を表すめもりに、↑をかきましょう。

④ 7000より1000大きい数はいくつですか。

（　　　　）

⑤ 7000より5000大きい数はいくつですか。

（　　　　）

⑥ 12000より1000小さい数はいくつですか。

（　　　　）

⑦ 12000より3000小さい数はいくつですか。

（　　　　）

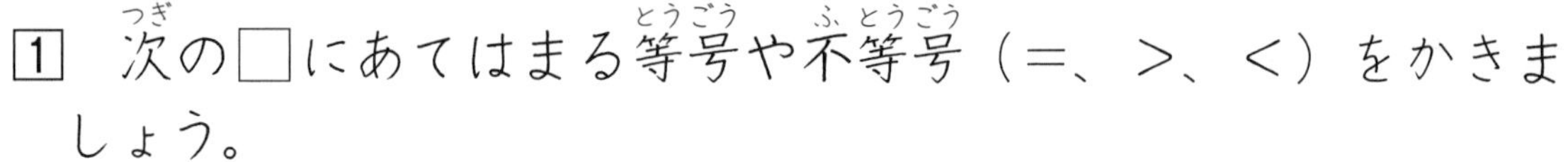

1 次（つぎ）の□にあてはまる等号（とうごう）や不等号（ふとうごう）（＝、＞、＜）をかきましょう。

① 10 ［＝］ 10　　② 1 ［＜］ 10

③ 20 □ 10　　④ 0 □ 50

⑤ 100 □ 100　　⑥ 5万 □ 1万

⑦ 50000 □ 30000　　⑧ 25000 □ 30000

⑨ 50000 □ 55000　　⑩ 90000 □ 9万

2 次の□にあてはまる等号や不等号（＝、＞、＜）をかきましょう。

① 8000＋2000 ［＝］ 10000

② 500万 □ 300万＋400万

③ 600万 □ 900万－400万

④ 120000－50000 □ 90000

8 大きい数のしくみ ⑧

名前

1 次の数を10倍(ばい)しましょう。

① 20 (　　　　)　② 25 (　　　　)

③ 30 (　　　　)　④ 125 (　　　　)

2 次の数を100倍しましょう。

① 40 (　　　　)　② 35 (　　　　)

③ 60 (　　　　)　④ 225 (　　　　)

3 次の数を1000倍しましょう。

① 30 (　　　　)　② 45 (　　　　)

③ 50 (　　　　)　④ 325 (　　　　)

4 次の数を10でわった数をかきましょう。

① 50 (　　　　)　② 60 (　　　　)

③ 700 (　　　　)　④ 800 (　　　　)

9 かけ算の筆算（×１けた）①

23×３ の筆算(ひっさん)を考えましょう。

	2	3
×		3
	6	9

- くらいをそろえてかく。
- 一のくらいから、じゅんに計算する。
  - ㋐ 3×3＝9
  - ㋑ 3×2＝6

次(つぎ)の計算をしましょう。

①

	2	4
×		2

②

	1	4
×		2

③

	3	2
×		3

④

	3	4
×		2

⑤

	2	2
×		4

⑥

	4	3
×		2

9 かけ算の筆算（×１けた）②

名前

次の計算をしましょう。

①

	2	6
×		3
	7[1]	8

②

	1	3
×		7

③

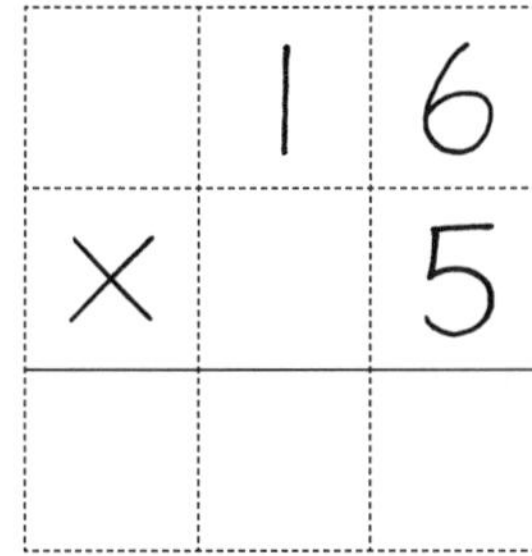

	1	6
×		5

くり上がる数を
メモしておくと
まちがえにくいよ

④

	2	3
×		4

⑤

	2	4
×		4

⑥

	4	8
×		2

⑦

	6	4
×		2

⑧

	9	4
×		2

⑨

	8	0
×		2

9 かけ算の筆算（×１けた）③

名前

次の計算をしましょう。

①

	6	5
×		4
2	6[2]	0

②

	5	6
×		5

③

	3	9
×		7

④

	8	5
×		4

⑤

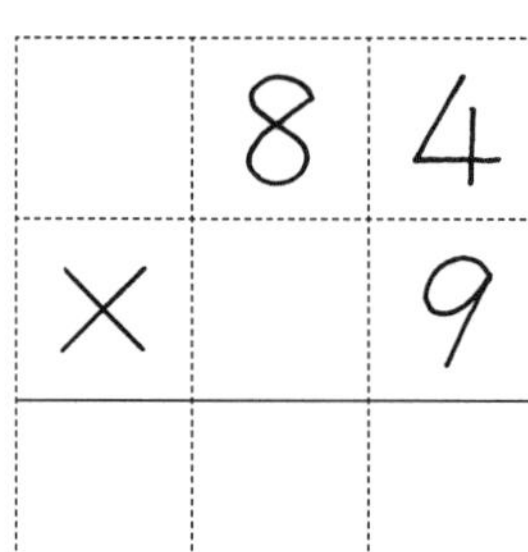

	8	4
×		9

⑥

	3	6
×		4

⑦

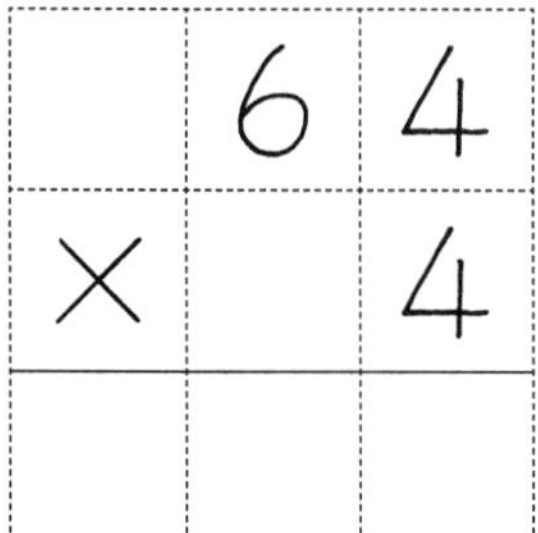

	6	4
×		4

⑧

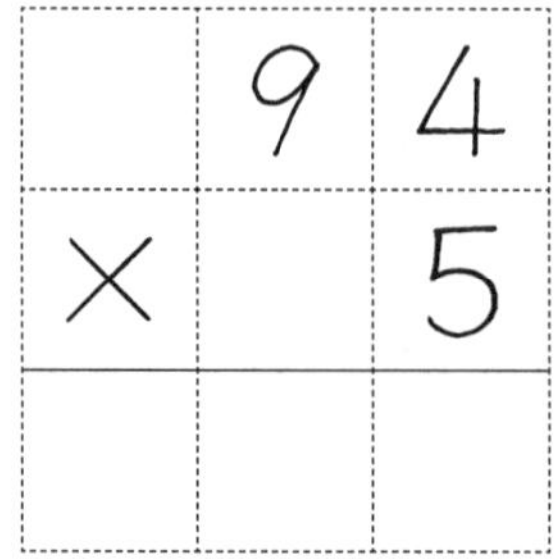

	9	4
×		5

⑨

	8	3
×		4

9 かけ算の筆算（×１けた）④

次の計算をしましょう。

①

	5	7
×		9
5	1[6]	3

②

	2	7
×		8

③

	7	6
×		7

④

	3	9
×		6

⑤

	6	8
×		8

⑥

	7	7
×		7

⑦

	6	8
×		6

⑧

	3	8
×		8

⑨

	6	7
×		3

かけ算の筆算（×１けた）⑤

名前

次(つぎ)の計算をしましょう。

①

	3	1	2
×			3

②

	1	2	3
×			3

③

	4	2	3
×			2

④

	3	1	3
×			3

⑤

	2	1	2
×			4

⑥

	3	1	4
×			2

⑦

	2	3	3
×			3

⑧

	3	4	2
×			2

9 かけ算の筆算（×１けた）⑥

次の計算をしましょう。

①

	3	1	7
×			3

②

	2	2	5
×			3

③

	2	5	6
×			3

④

	4	6	6
×			2

⑤

	3	6	8
×			2

⑥

	2	5	9
×			3

⑦

	2	7	4
×			3

⑧

	1	8	5
×			4

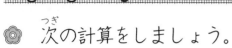

かけ算の筆算（×１けた）⑦

次(つぎ)の計算をしましょう。

①

	8	1	2
×			4

②

	3	4	1
×			8

③

	4	6	5
×			7

④

	6	5	7
×			3

⑤

	8	7	4
×			7

⑥

	7	8	7
×			6

⑦

	6	2	5
×			8

⑧

	7	6	5
×			8

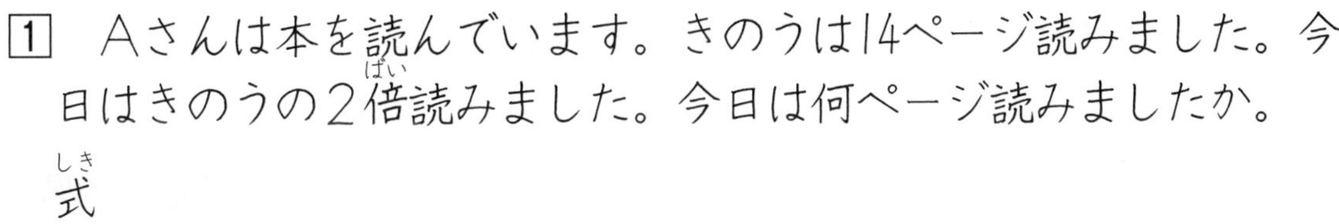

1　Aさんは本を読んでいます。きのうは14ページ読みました。今日はきのうの2倍（ばい）読みました。今日は何ページ読みましたか。

式（しき）

答え

2　125円の品物（しなもの）が、4倍のねだんで売れました。この品物はいくらで売れましたか。

式

答え

3　赤組と白組で、玉入れをしました。入った玉を数えると、赤組は24こ、白組はその4倍でした。白組の玉の数は、何こですか。

式

答え

4　学校から図書館（としょかん）までのきょりは2000mです。消ぼうしょまでのきょりはその3倍です。消ぼうしょまでのきょりは、何mですか。

式

答え

10 大きい数のわり算 ①

名前

1 60まいの色紙を３人で同じ数ずつ分けます。１人分は何まいになりますか。

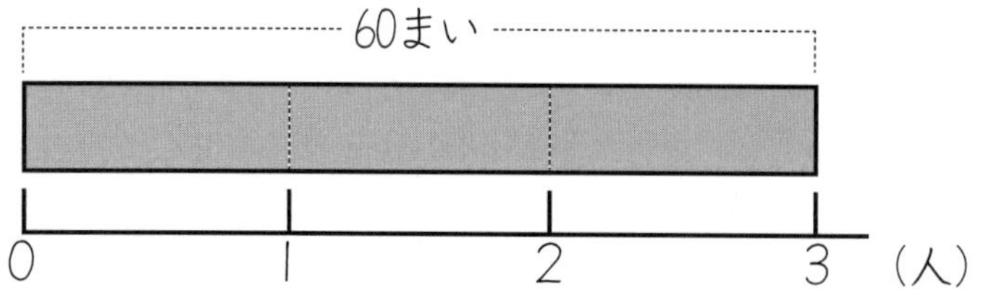

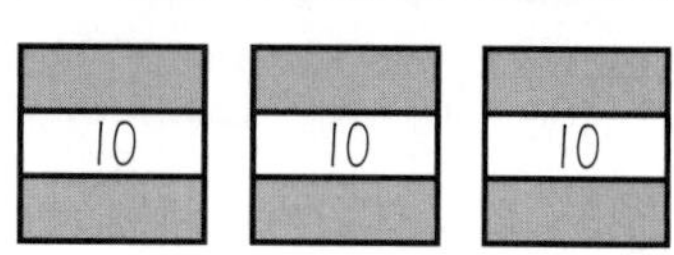

式 60 ÷ 3 ＝

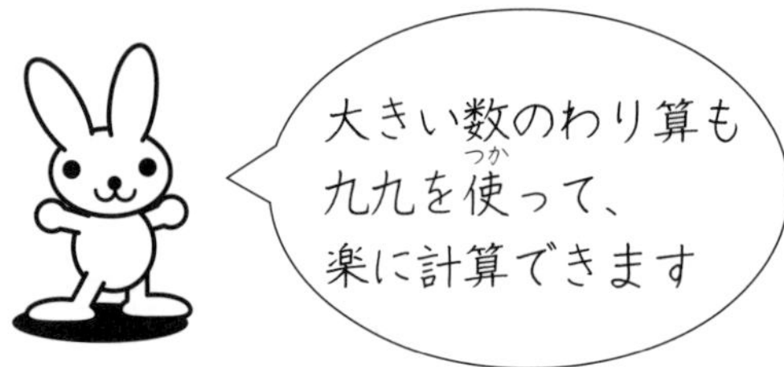

答え

2 次の計算をしましょう。

① 60 ÷ 2 ＝　　② 40 ÷ 2 ＝

③ 80 ÷ 2 ＝　　④ 80 ÷ 4 ＝

⑤ 50 ÷ 5 ＝　　⑥ 60 ÷ 3 ＝

⑦ 90 ÷ 3 ＝　　⑧ 40 ÷ 4 ＝

⑨ 70 ÷ 7 ＝　　⑩ 60 ÷ 6 ＝

⑪ 80 ÷ 8 ＝　　⑫ 100 ÷ 2 ＝

10 大きい数のわり算 ②

名前

1 36まいの色紙を３人で同じ数ずつ分けます。１人分は何まいになりますか。

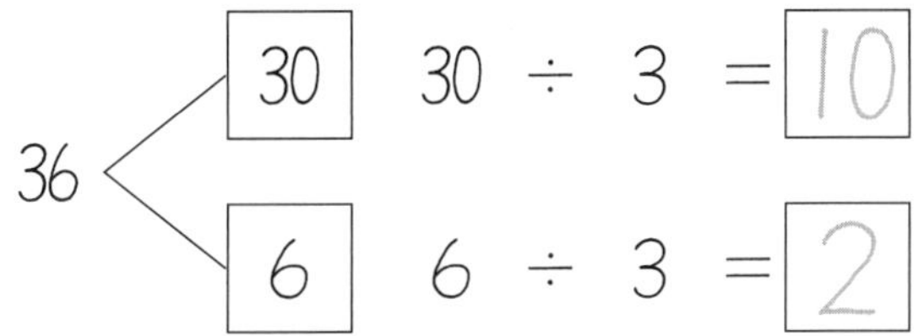

式　36 ÷ 3 ＝

くらいを分けてから
それぞれをわり算し、
その答えをたします

答え

2 次の計算をしましょう。

① 48 ÷ 2 ＝　　② 42 ÷ 2 ＝

③ 86 ÷ 2 ＝　　④ 82 ÷ 2 ＝

⑤ 96 ÷ 3 ＝　　⑥ 36 ÷ 3 ＝

⑦ 93 ÷ 3 ＝　　⑧ 66 ÷ 3 ＝

⑨ 48 ÷ 4 ＝　　⑩ 84 ÷ 4 ＝

⑪ 69 ÷ 3 ＝　　⑫ 99 ÷ 3 ＝

ＩＬを10等分したＩこ分のかさを
0.１L とかいて、「**れい点一リットル**」
と読みます。

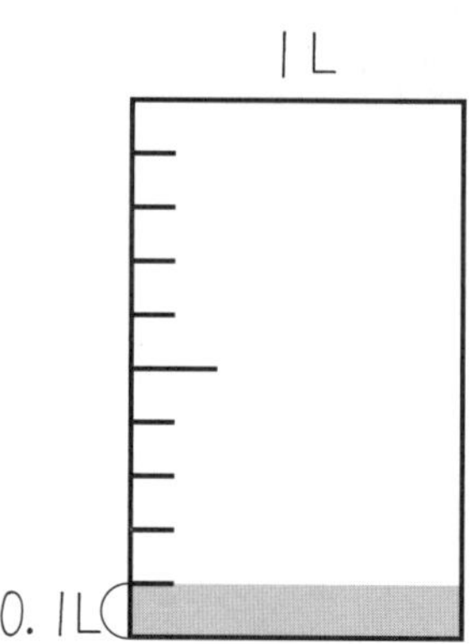

✿ ＩLのますに水を入れました。水のかさは、それぞれ何Lですか。

① ＩL　0.１L

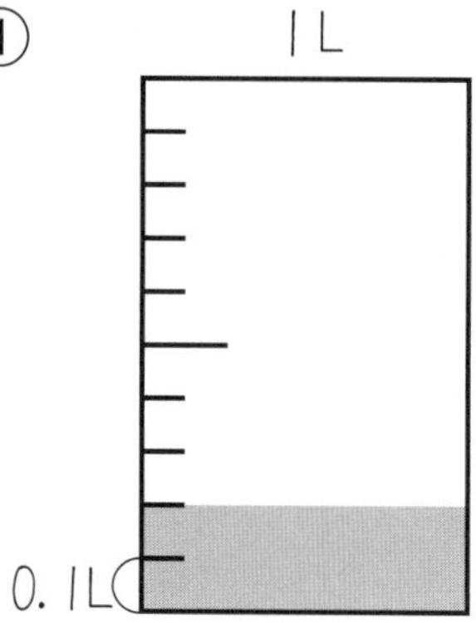

（ 0.2L ）

② ＩL

（　　　　）

③ ＩL

（　　　　）

④ ＩL　ＩL

（　　　　）

⑤ ＩL　ＩL

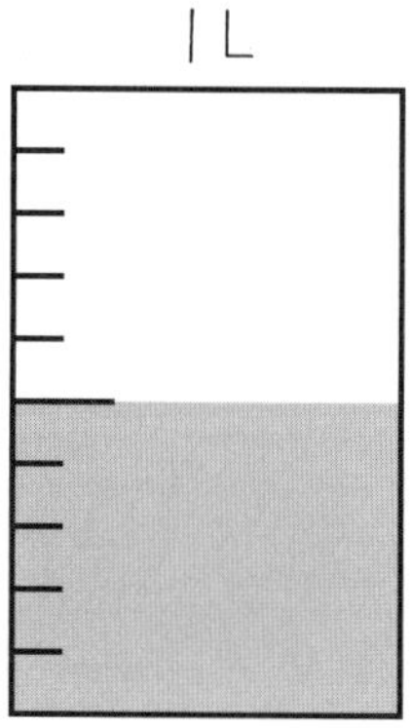

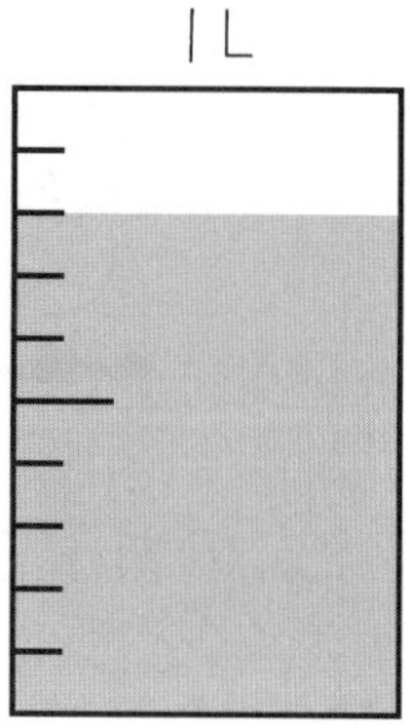

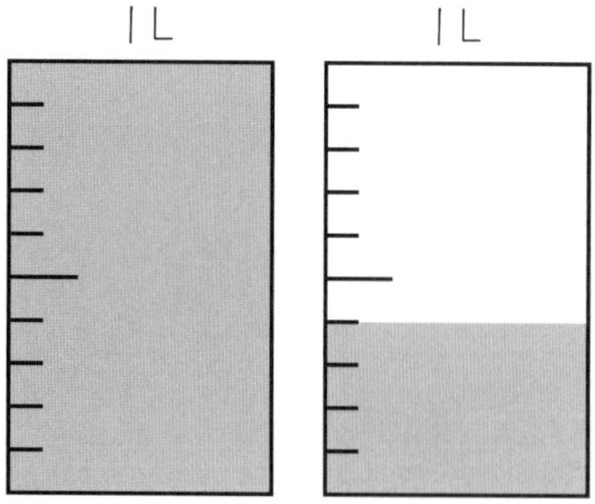

（　　　　）

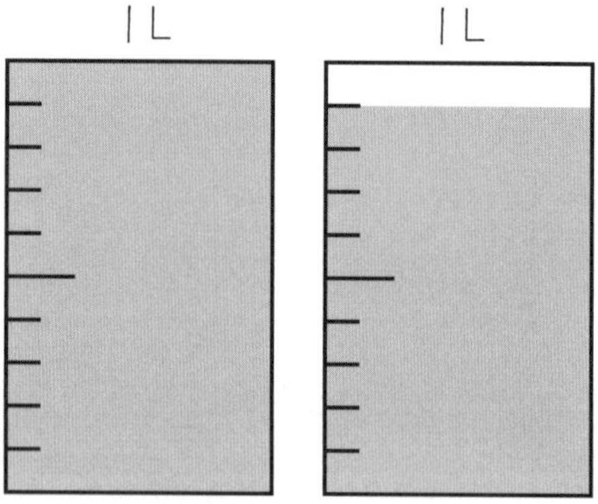

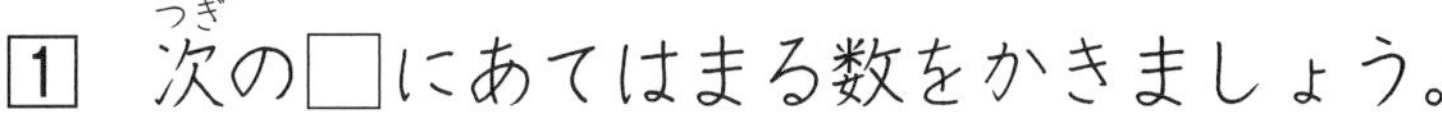

11 小　数 ②

名前

1 次（つぎ）の□にあてはまる数をかきましょう。

① 0.1Lを9こ集（あつ）めたかさは [0.9] Lです。

② 0.1Lを10こ集めたかさは [　] Lです。

③ 0.1Lを11こ集めたかさは [　] Lです。

④ 0.1Lを20こ集めたかさは [　] Lです。

⑤ 0.1Lを55こ集めたかさは [　] Lです。

2 次の□にあてはまる数をかきましょう。

① 2Lと0.5Lで [2.5] Lです。

② 1Lと0.8Lで [　] Lです。

③ 3Lと0.7Lで [　] Lです。

④ 2Lと0.1Lで [　] Lです。

⑤ 6Lと0.3Lで [　] Lです。

11 小　数 ③

名前

1　次のテープの長さをcmで表しましょう。

①

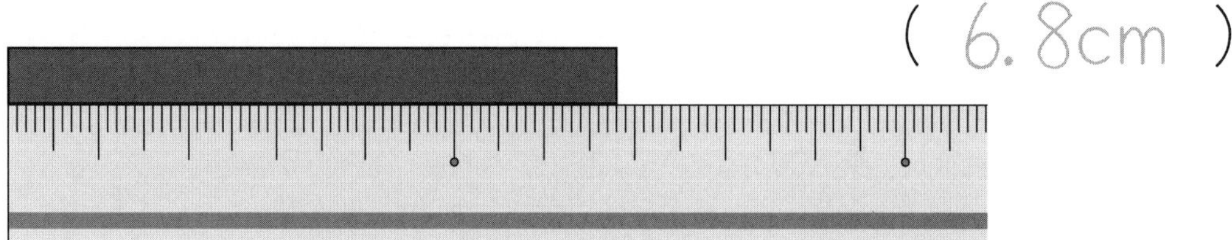

（ 6.8cm ）

②

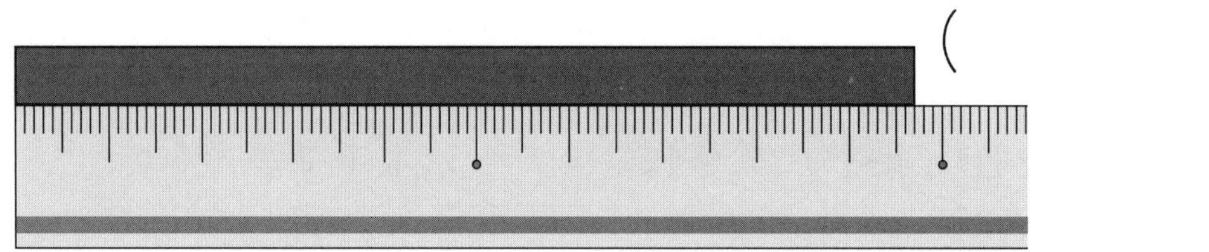

（　　　　）

2　次の数直線を見て答えましょう。

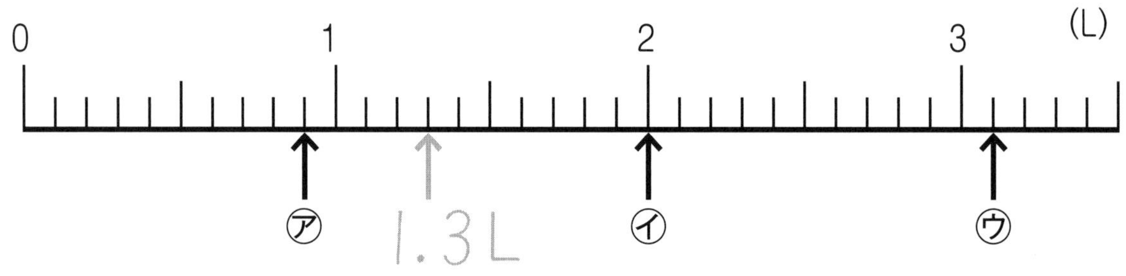

① 1めもり分はいくつですか。　（　　　L）

② ㋐、㋑、㋒のめもりが表すかさは、それぞれ何Lですか。

㋐（ 0.9L ）　㋑（　　　　）　㋒（　　　　）

③ 1.3Lと2.8Lを表すめもりに、↑をかきましょう。

12 小　数 ④

　1.2や0.7のような数を **小数** といい、「.」を **小数点** といいます。小数点の右がわの2を **小数第一位のくらい**（だいいちい）といいます。
　また、0，1，2，3，……のような数を **整数**（せいすう）といいます。

1.2
↑小数点　↑小数第一位

[1] 次の□にあてはまる数をかきましょう。

① 0.8は、1より [0.2] 小さい数です。

② 1.7は、2より [　] 小さい数です。

③ 3.1は、3より [0.1] 大きい数です。

④ 6は、5.8より [　] 大きい数です。

[2] 次の□にあてはまる不等号（ふとうごう）をかきましょう。

① 0.5 [<] 0.6　　② 2 [>] 1.9

③ 1.9 [　] 2.1　　④ 0 [　] 0.1

⑤ 0 [　] 1.1　　⑥ 2.6 [　] 2.9

次(つぎ)の計算をしましょう。

①

	3	
＋	2.	8
	5.	8

②

	2	
＋	4.	9

③

	5.	4
＋	1	

④

	1.	7
＋	4.	3

⑤

	2.	4
＋	5.	6

⑥

	2.	7
＋	5.	3

⑦

	5.	7
＋	4.	6

⑧

	3.	5
＋	6.	6

⑨

	3.	4
＋	6.	7

次の計算をしましょう。

①

	4	.3
－	0	.2

②

	3	.9
－	1	.5

③

	6	.5
－	3	.4

④

	3	.8
－	2	.4

⑤

	3	.7
－	1	.8

⑥

	2	.2
－	1	.4

⑦

	5	.6
－	3	.9

⑧

	3	.4
－	1	.9

⑨

	3	.2
－	2	.8

11 小数 ⑦

名前

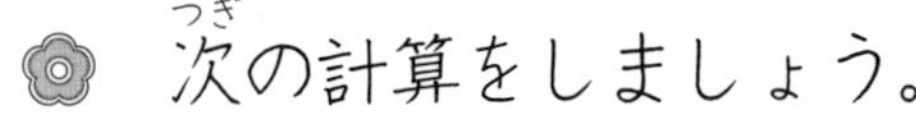

次の計算をしましょう。

①

	1	0	
＋		0.	6

②

	5	8	
＋		2.	2

③

	1	3	
＋		0.	7

④

	2	0	
＋		2.	5

⑤

	2	0	
−		0.	8

⑥

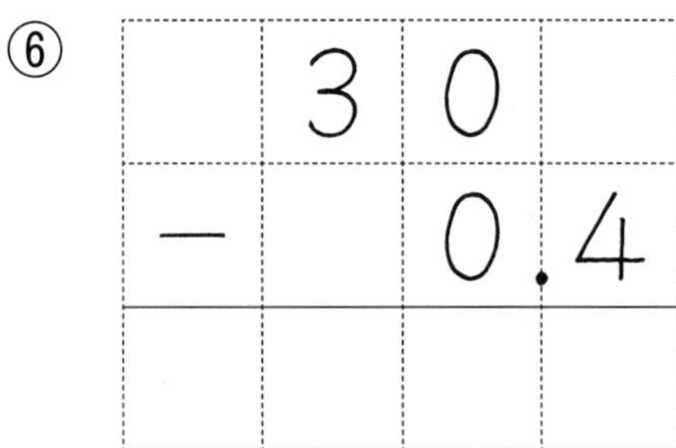

	3	0	
−		0.	4

⑦

	1	3	
−		0.	6

⑧

	1	6	
−		2.	5

11 小 数 ⑧

名前

1 ジュースがびんに0.5L、パックに0.3L入っています。あわせると何Lありますか。

式(しき)

答え

2 水が1.2L入っているポットに、0.8Lの水を入れました。あわせると何Lになりましたか。

式

答え

3 ジュースが0.8Lあります。そのうち0.2L飲(の)みました。
のこりは、何Lになりましたか。

式

答え

4 水とうに1Lのお茶が入っています。そのうち0.3L飲みました。
のこりは、何Lになりましたか。

式

答え

12 重　さ ①

1 次(つぎ)の重(おも)さをくらべましょう。

① 重い方に○をつけましょう。

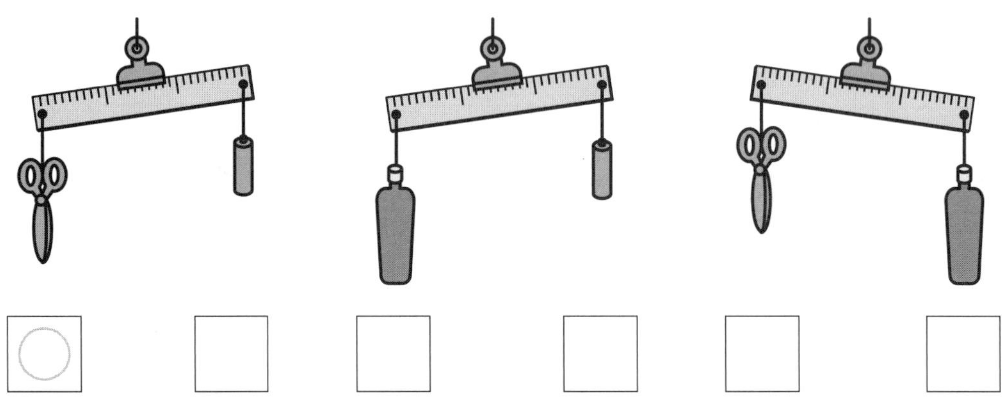

② 重いじゅんに数字（1、2、3）をかきましょう。

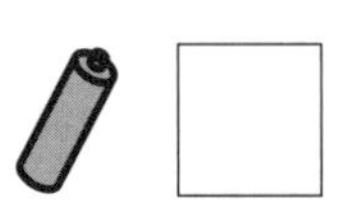

2 次のものを1円玉何こ分かはかって表(ひょう)にしました。

はかるもの	のり	はさみ	電池
1円玉	30　こ	25　こ	20　こ

① いちばん重いものはどれですか。　（　　　　）

② はさみは電池より、1円玉何こ分重いですか。（　　　　）

③ 1円玉は、1こ1gです。それぞれ何gですか。

のり（　　　　）、はさみ（　　　　）、電池（　　　　）

12 重　さ ②

名前

✿ 次のはかりについて答えましょう。

※売っているはかりにはgとかいていますが、教室でかくときにはgとかきます。

① 何gまではかれますか。　(　　　　)

② 1めもり分は、何gを表(あらわ)していますか。　(　　　　)

③ ㋐、㋑、㋒、㋓のめもりを答えましょう。

㋐(30g) ㋑(　　　　) ㋒(　　　　) ㋓(　　　　)

12 重　さ ③

名前

次のはかりについて答えましょう。

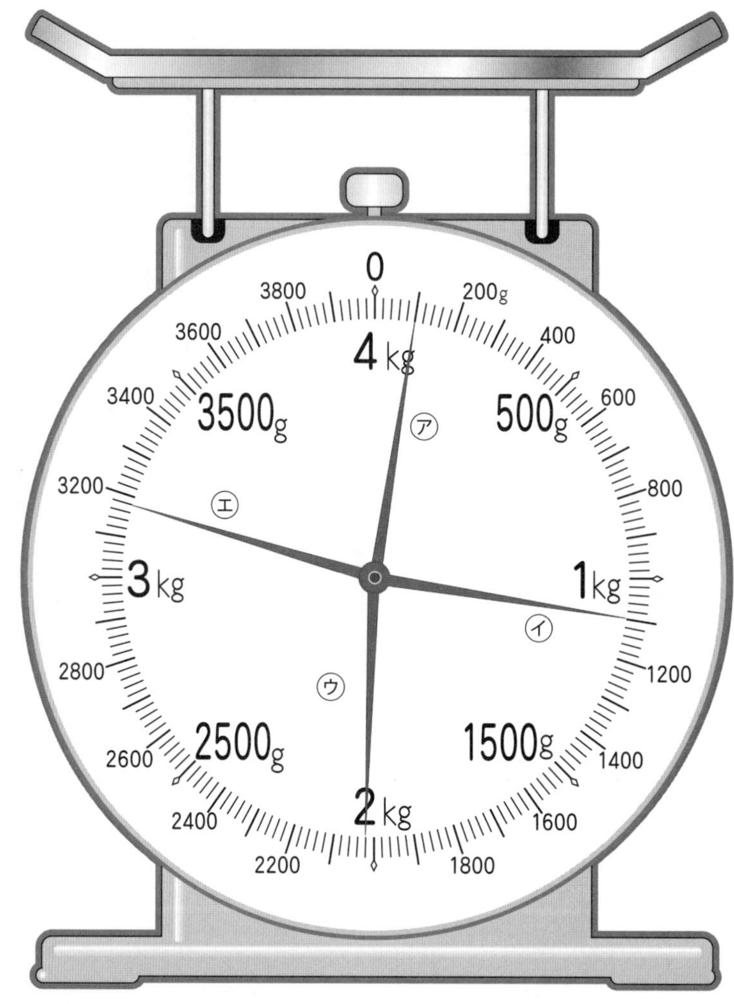

① 何kgまではかれますか。　（　　　　　）

② 1めもり分は、何gを表していますか。　（　　　　　）

③ ㋐、㋑、㋒、㋓のめもりを答えましょう。

㋐（　　　　　）㋑（　　　　　）㋒（　　　　　）㋓（　　　　　）

12 重さ④

名前

次のはかりについて答えましょう。

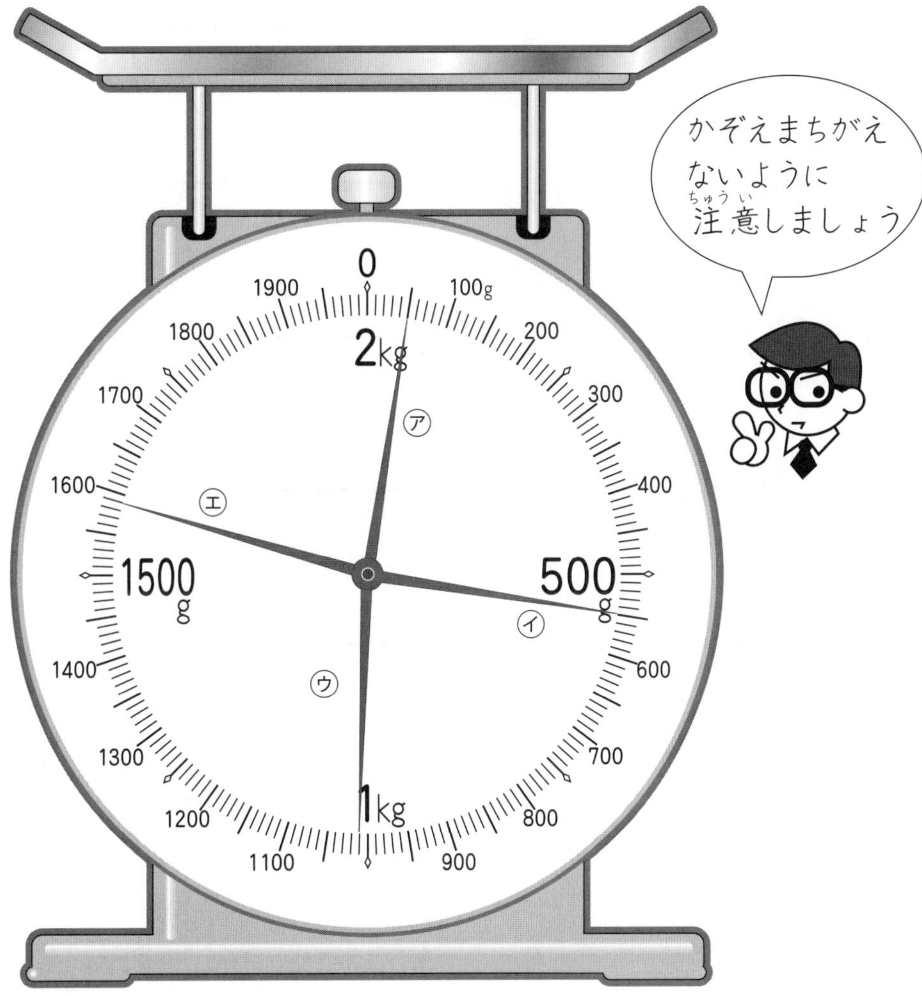

① 何kgまではかれますか。　(　　　　)

② 1めもり分は、何gを表していますか。　(　　　　)

③ ㋐、㋑、㋒、㋓のめもりを答えましょう。

㋐(　　　　) ㋑(　　　　) ㋒(　　　　) ㋓(　　　　)

12 重　さ⑤

名前

次の重さを(　)の中のたんいで表しましょう。

① 2kg 500g (g) → 2500 g

② 2kg 250g (g) → g

③ 3kg 89g (g) → g

④ 3kg 50g (g) → g

⑤ 3kg 12g (g) → g

⑥ 4kg 5g (g) → g

⑦ 4kg 8g (g) → g

⑧ 4kg 1g (g) → g

⑨ 5kg 509g (g) → g

⑩ 5kg 201g (g) → g

✿ 次の重(おも)さを(　)の中のたんいで表しましょう。

① 6100g　(kg、g) ──→ [6] kg [100] g

② 6540g　(kg、g) ──→ [　] kg [　] g

③ 7050g　(kg、g) ──→ [　] kg [　] g

④ 7029g　(kg、g) ──→ [　] kg [　] g

⑤ 7010g　(kg、g) ──→ [　] kg [　] g

⑥ 8003g　(kg、g) ──→ [　] kg [　] g

⑦ 8001g　(kg、g) ──→ [　] kg [　] g

⑧ 8008g　(kg、g) ──→ [　] kg [　] g

⑨ 9202g　(kg、g) ──→ [　] kg [　] g

⑩ 9807g　(kg、g) ──→ [　] kg [　] g

12 重さ⑦

名前

次の□にあてはまるたんい（g、kg、t）をかきましょう。

① 1円玉1この重さ　1 [g]

② 1Lの水の重さ　1 [　]

③ りんご1この重さ　300 [　]

④ 自転車1台の重さ　10 [　]

⑤ ノート1さつの重さ　120 [　]

⑥ 大人1人の体重　65 [　]

⑦ 5dLのジュース1ぱいの重さ　500 [　]

⑧ うさぎ1ぴきの重さ　2 [　]

⑨ 国語じてん1さつの重さ　910 [　]

⑩ えんぴつ1本の重さ　6 [　]

⑪ ゾウ1頭の重さ　4200 [　]

⑫ 自動車1台の重さ　1 [　]

12 重さ ⑧

名前

1 重さ300gの箱に、800gの物を入れておくります。
全体の重さは何gになりますか。

式 300 ＋ 800 ＝

答え

2 900gの物をある箱に入れると、全体の重さは1200gでした。
箱の重さは何gですか。

式 1200 − 900 ＝

答え

3 体重30kgのたかしさんが、体重3kgの犬をだいて重さをはかります。あわせて何kgになりますか。

式

答え

4 ひろしさんが、体重2kgのウサギをだいて重さをはかると、31kgでした。ひろしさんの体重は何kgですか。

式

答え

13 円と球 ①

名前

1 次の（　）にあてはまる言葉をかきましょう。

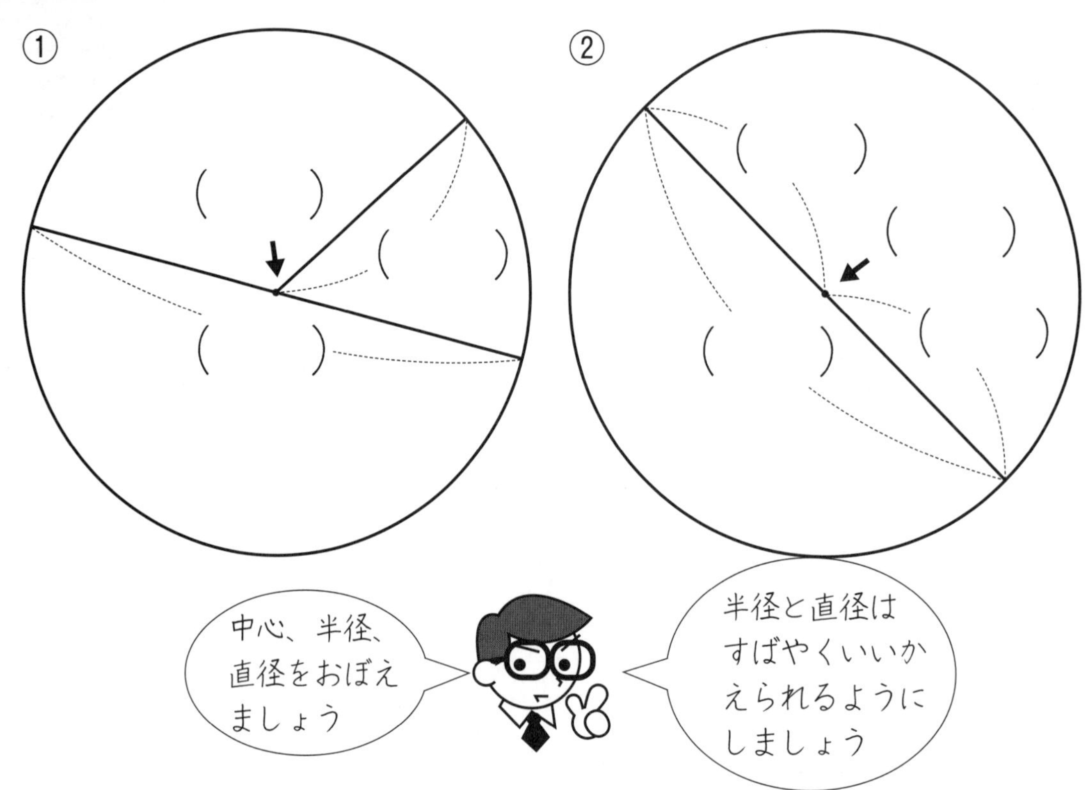

①
②
中心、半径、直径をおぼえましょう
半径と直径はすばやくいいかえられるようにしましょう

2 次の円の直径と半径は、それぞれ何cmですか。

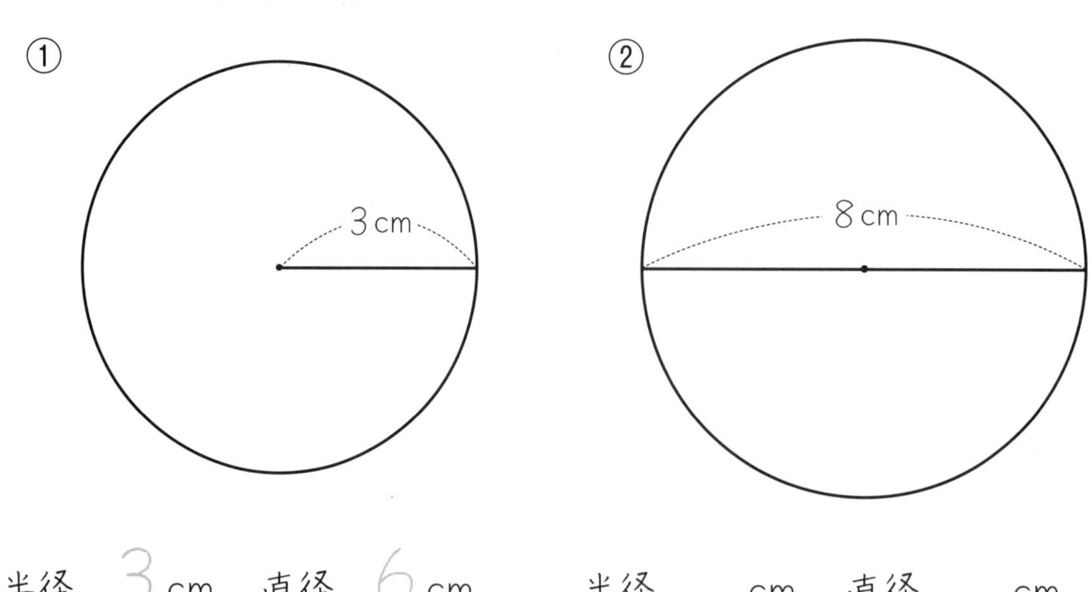

半径　3　cm、直径　6　cm

半径　　　cm、直径　　　cm

次の円の直径(ちょっけい)と半径は、それぞれ何cmですか。

①

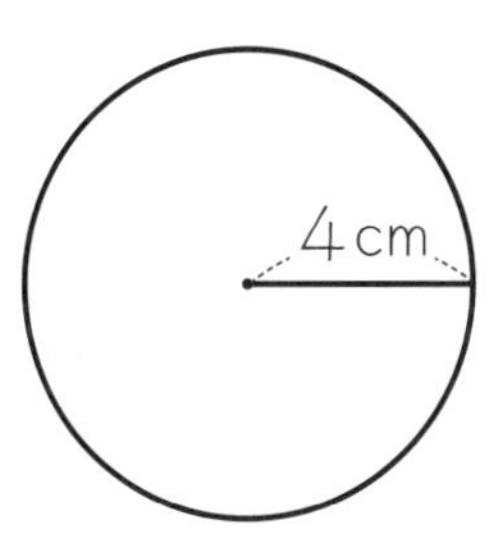

半径　　　cm、直径　　　cm

②

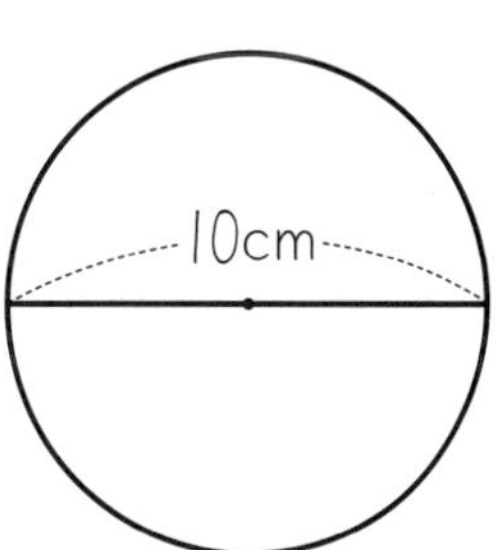

半径　　　cm、直径　　　cm

③

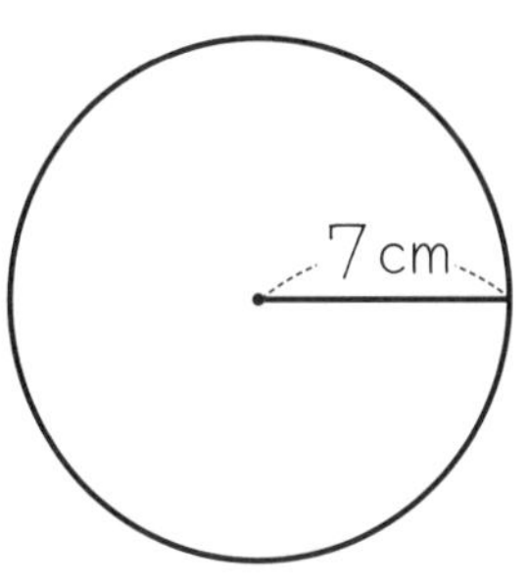

半径　　　cm、直径　　　cm

④

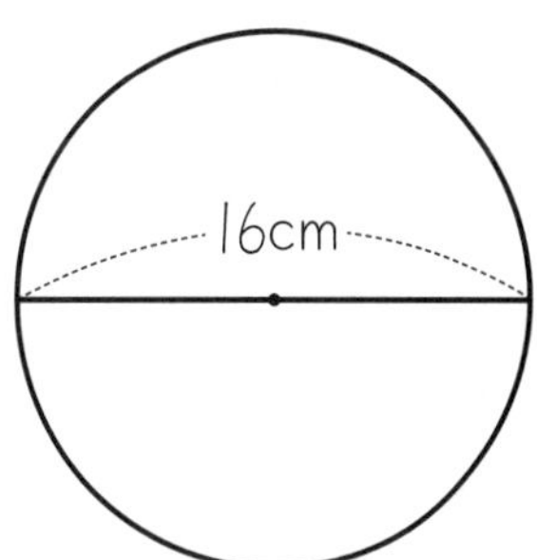

半径　　　cm、直径　　　cm

⑤

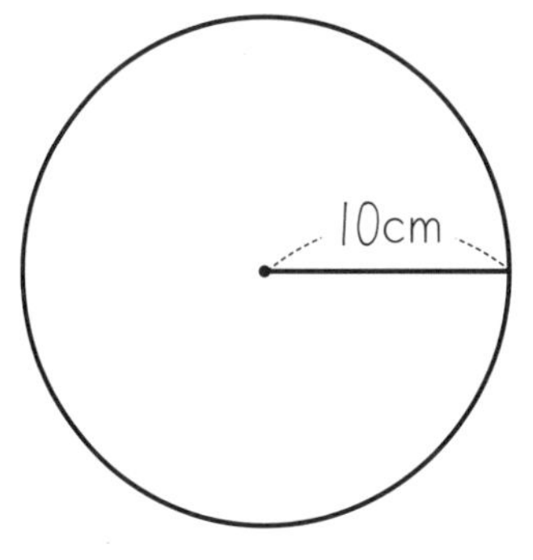

半径　　　cm、直径　　　cm

⑥

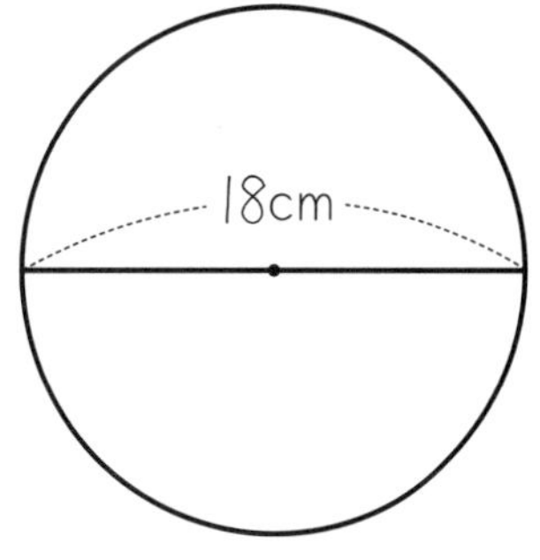

半径　　　cm、直径　　　cm

13 円と球 ③

名前

1 次(つぎ)の円をかくとき、コンパスのはばは何cmにしますか。

① 半径(はんけい)3cmの円をかくときのはばは [3] cm

② 半径5cmの円をかくときのはばは [ ] cm

③ 半径9cmの円をかくときのはばは [ ] cm

④ 直径10cmの円をかくときのはばは [5] cm

⑤ 直径12cmの円をかくときのはばは [ ] cm

⑥ 直径18cmの円をかくときのはばは [ ] cm

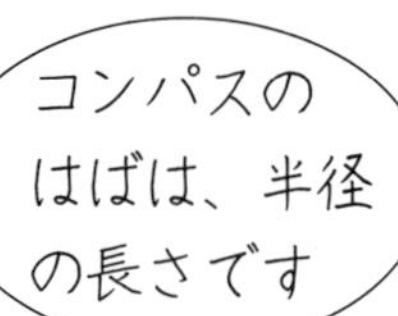

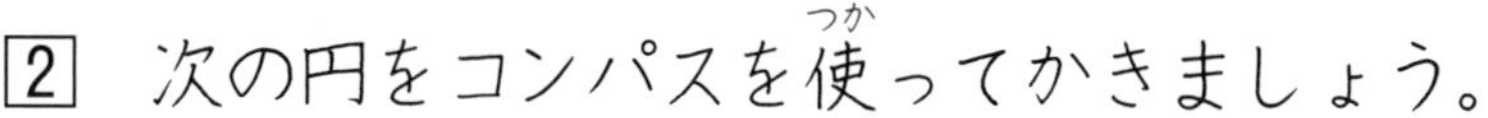

2 次の円をコンパスを使(つか)ってかきましょう。

① 半径2cm

② 直径6cm

次の円をコンパスを使ってかきましょう。

① 半径（はんけい）3cm

② 直径8cm

③ 半径4cm

④ 直径4cm

コンパスを使って、左の図と同じ図をかきましょう。

①

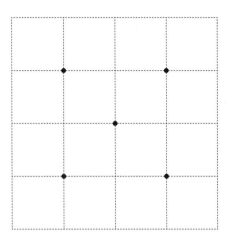

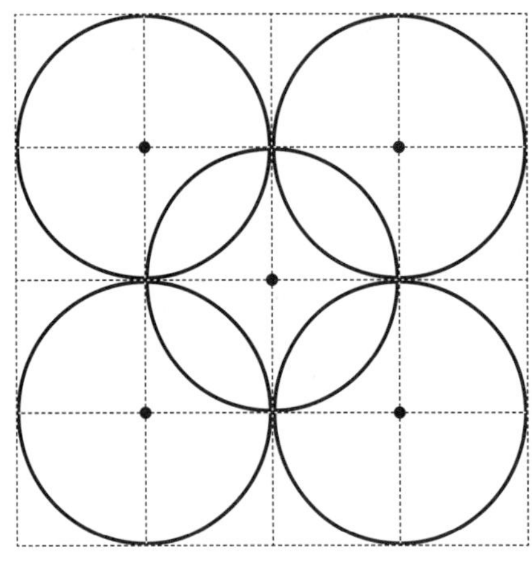

②

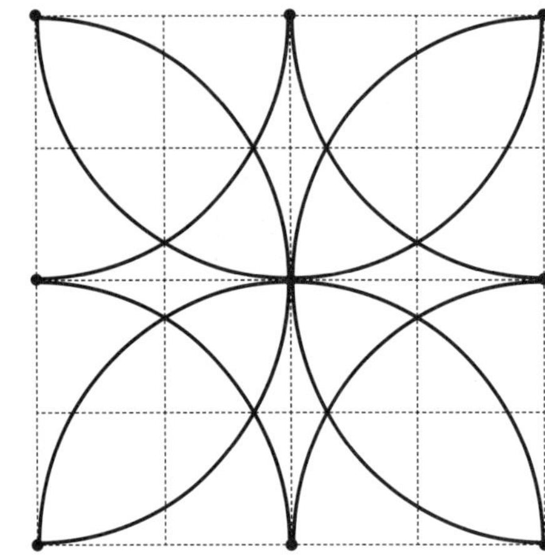

③

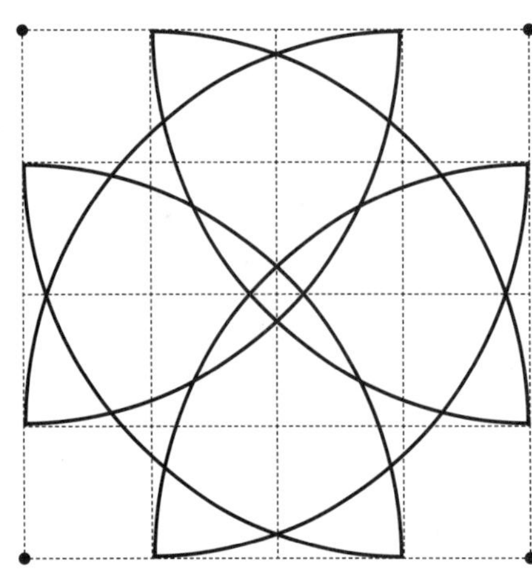

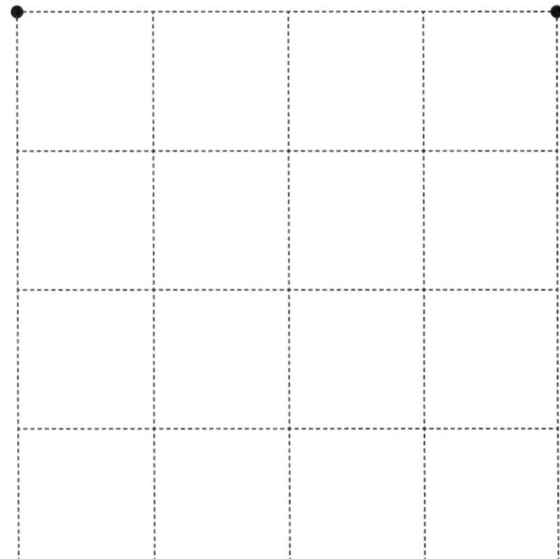

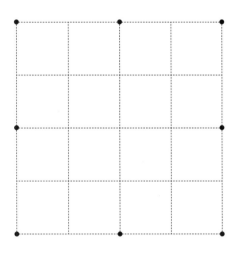

13 円と球 ⑥

1 図は、球を半分に切ったところです。

① ㋐〜㋒にあてはまる言葉をかきましょう。

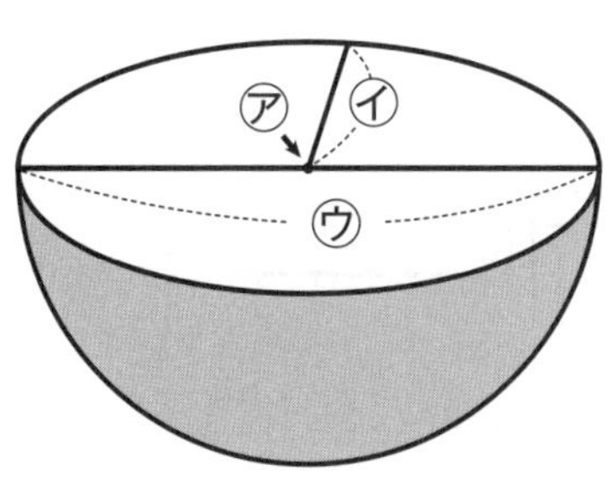

㋐（　　　　　　）

㋑（　　　　　　）

㋒（　　　　　　）

② 球についてあてはまる言葉をかきましょう。

球のどこを切っても、切り口は（　　　　　）になります。

2 半径2cmのボールが、箱にぴったり6こ入っています。この箱の、たての長さと、横の長さをもとめましょう。

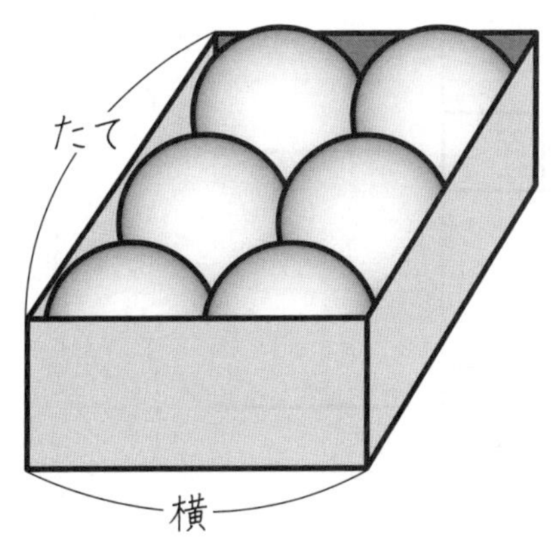

① たての長さ

式　2×2×3＝12

答え ______

② 横の長さ

式

答え ______

14 分数 ①

名前

次(つぎ)の色をぬったところを分数で表(あらわ)しましょう。

① 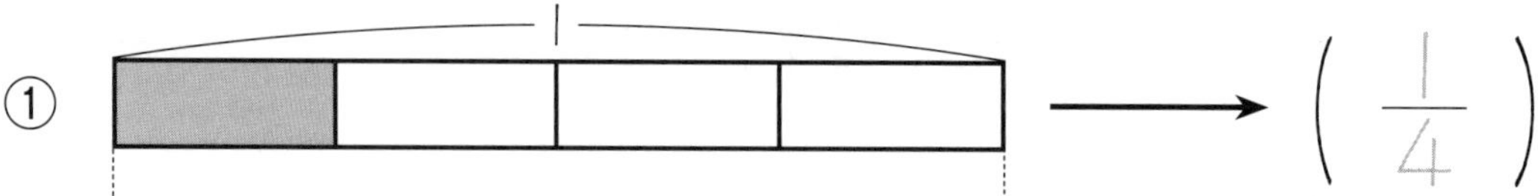

→ （ $\frac{1}{4}$ ）

② 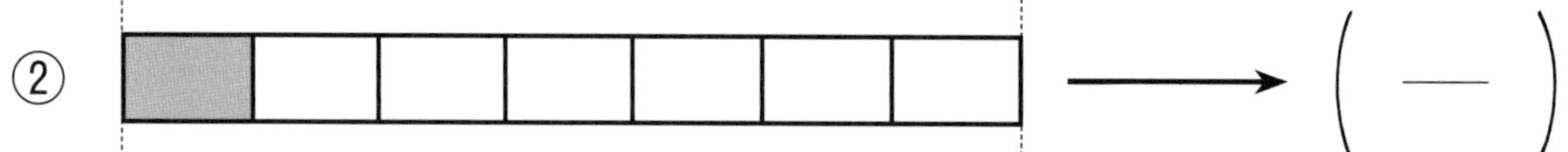
→ （ ― ）

③ 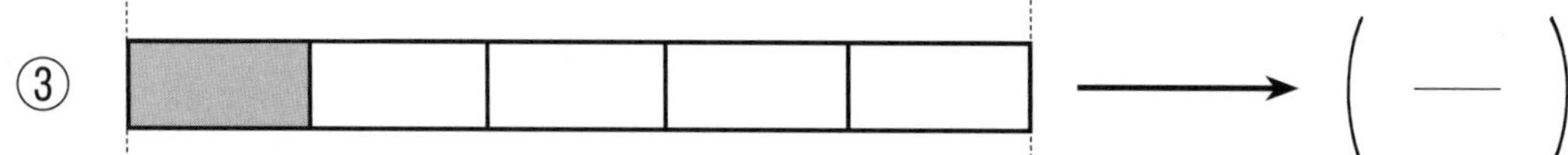
→ （ ― ）

④ 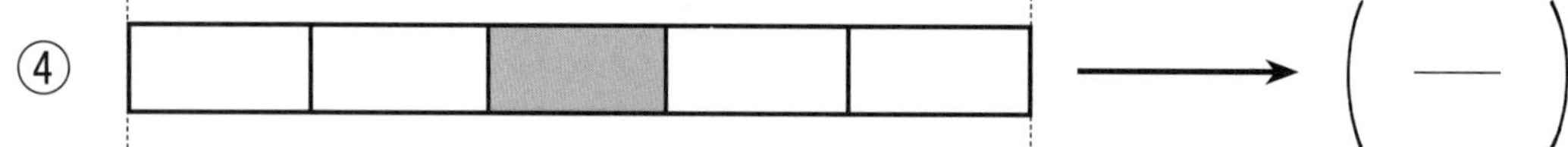
→ （ ― ）

⑤ → （ ― ）

⑥ → （ ― ）

⑦ → （ ― ）

⑧ → （ ― ）

次の色をぬったところを分数で表しましょう。

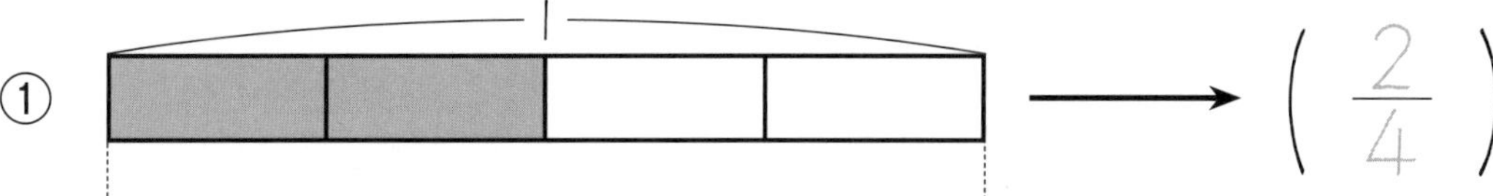

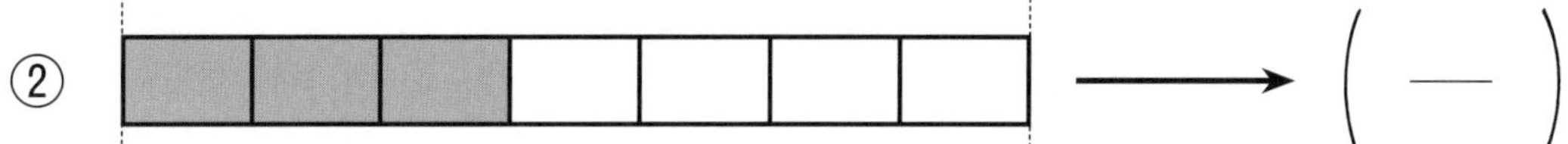

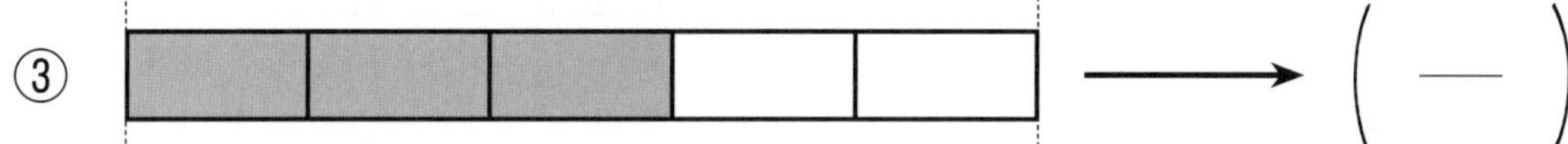

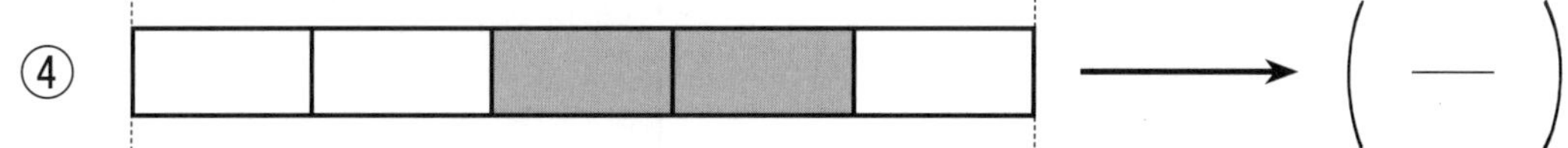

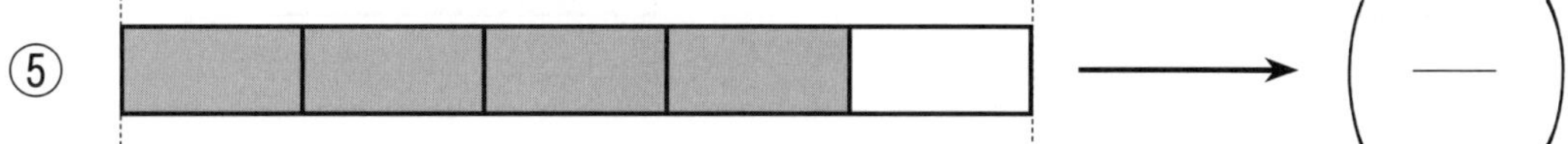

⑥ →（ ― ）

⑦ →（ ― ）

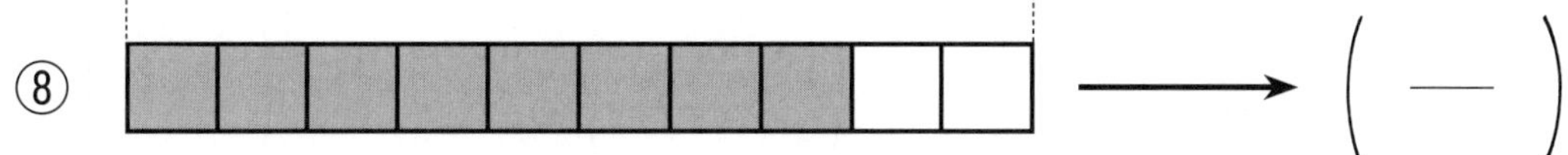

14 分 数 ③

名前

1　1Lのますに水を入れました。この水のかさを分数で表(あらわ)しましょう。

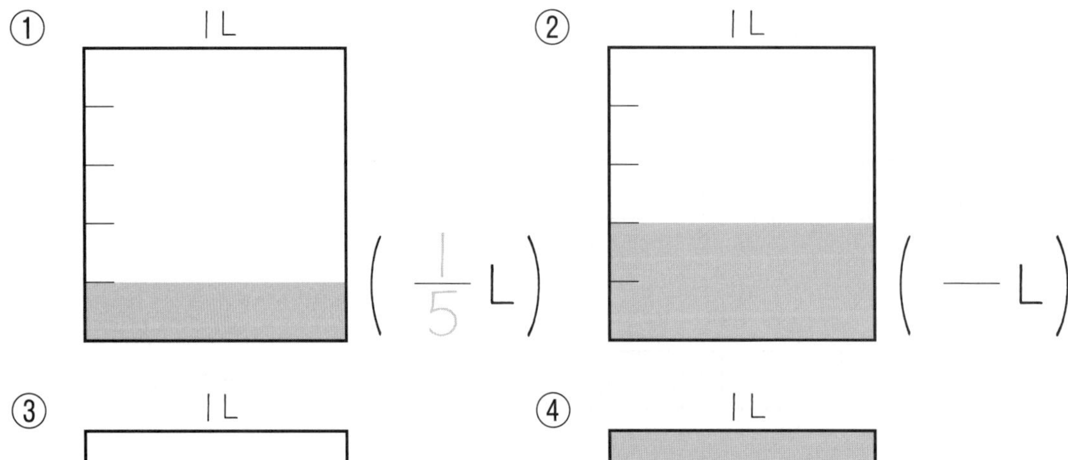

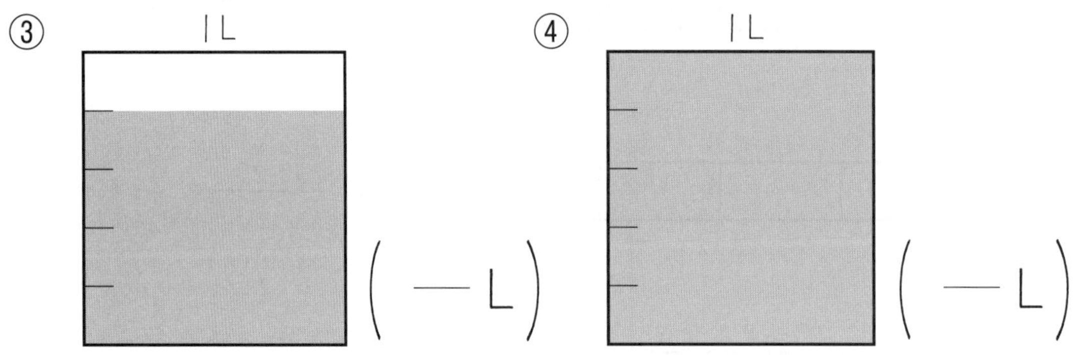

2　1Lのますに水を入れました。この水のかさを分数で表しましょう。

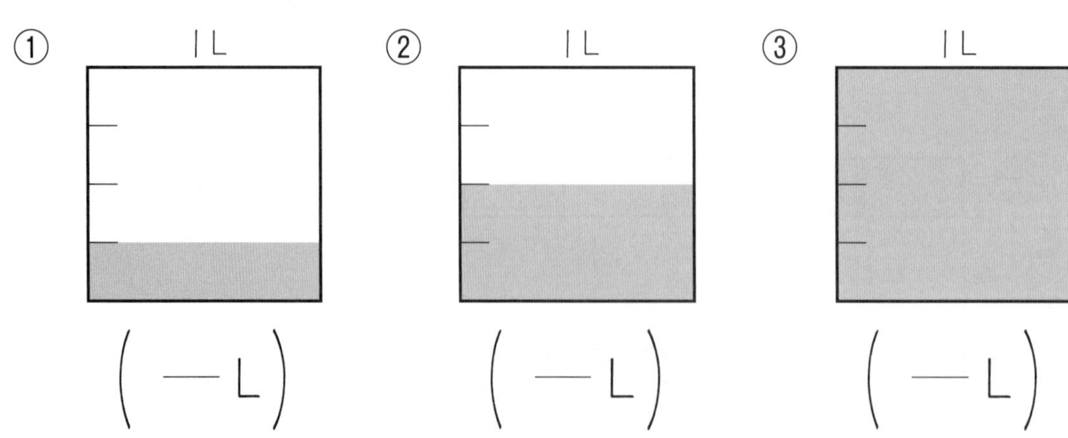

14 分数④

1 次(つぎ)の□にあてはまる数をかきましょう。

① $\frac{3}{5}$ の分母は 5 で分子は 3 です。$\frac{1}{5}$ の 3 こ分です。

② $\frac{3}{4}$ の分母は □ で分子は □ です。$\frac{1}{4}$ の □ こ分です。

③ $\frac{5}{6}$ の分母は □ で分子は □ です。$\frac{1}{6}$ の □ こ分です。

④ $\frac{2}{3}$ の分母は □ で分子は □ です。$\frac{1}{3}$ の □ こ分です。

2 次の□にあてはまる等号(とうごう)や不等号(ふとうごう)（=、>、<）をかきましょう。

① $\frac{1}{5}$ < $\frac{2}{5}$　② $\frac{5}{5}$ > $\frac{4}{5}$　③ $\frac{2}{5}$ □ $\frac{4}{5}$

④ $\frac{2}{2}$ = 1　⑤ $\frac{1}{3}$ □ $\frac{2}{3}$　⑥ $\frac{5}{6}$ □ $\frac{4}{6}$

⑦ 1 □ $\frac{6}{6}$　⑧ $\frac{3}{8}$ □ $\frac{1}{8}$　⑨ $\frac{9}{9}$ □ 1

3 次の□にあてはまる数をかきましょう。

① $\frac{5}{5}$ = 1　② $\frac{10}{5}$ = □　③ $\frac{15}{5}$ = □

④ $\frac{20}{5}$ = □　⑤ $\frac{49}{7}$ = □　⑥ $\frac{90}{10}$ = □

14 分　数 ⑤

名前

1　次の□にあてはまる分数をかきましょう。

①

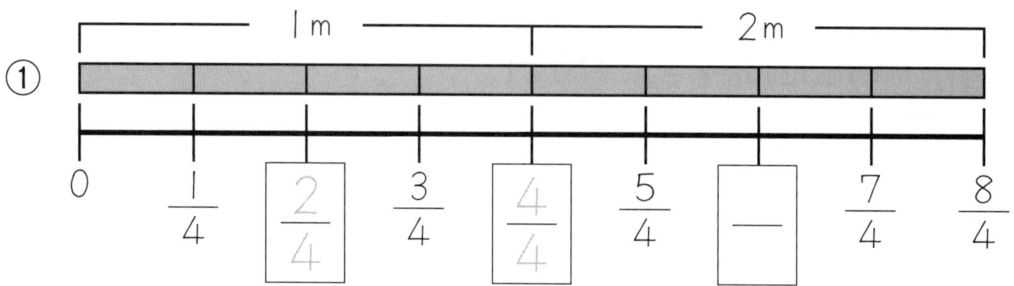

②

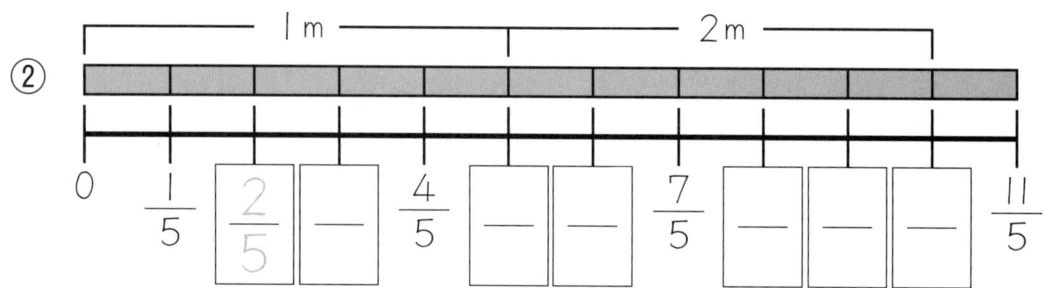

分数と整数のかんけいをかくにんしましょう

2　次の□にあてはまる分数をかきましょう。

①

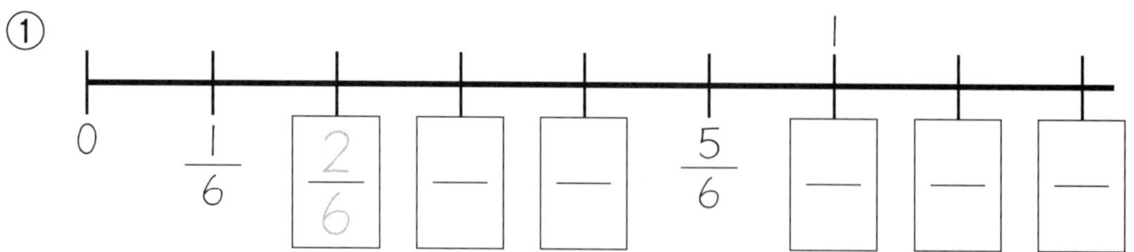

②

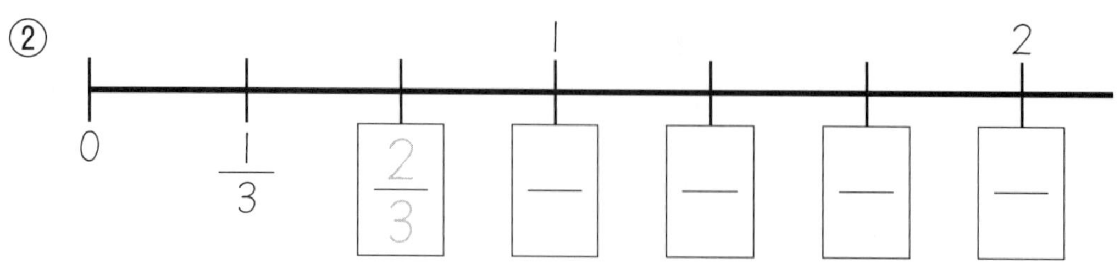

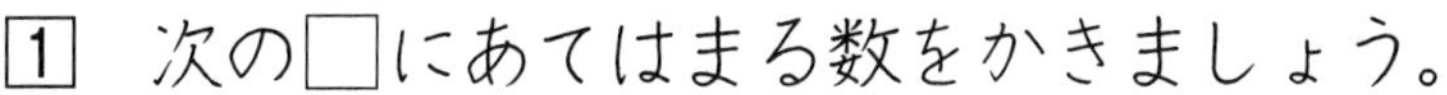

14 分　数 ⑥

名前

1 次の□にあてはまる数をかきましょう。

①

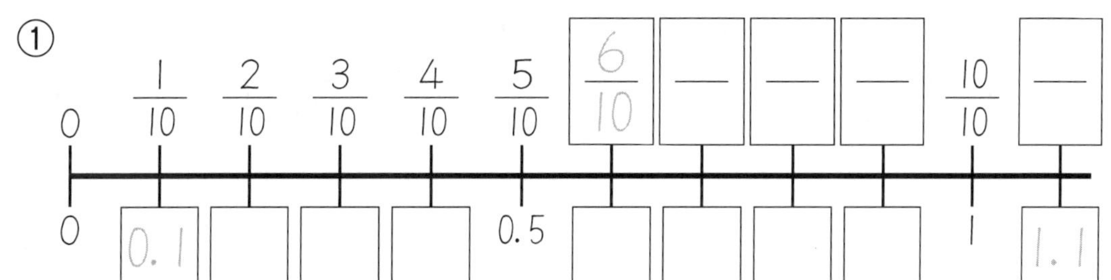

② $\frac{5}{10}$ は $\frac{1}{10}$ の□こ分です。

③ 0.5は $\frac{1}{10}$ の□こ分です。

2 次の□にあてはまる数をかきましょう。

① $\frac{1}{10}$ = 0.1　② $\frac{2}{10}$ = □　③ $\frac{3}{10}$ = □

④ $\frac{7}{10}$ = □　⑤ $\frac{8}{10}$ = □　⑥ $\frac{10}{10}$ = □

3 次の□にあてはまる等号(とうごう)や不等号(ふとうごう)（=、>、<）をかきましょう。

① $\frac{1}{10}$ = 0.1　② $\frac{2}{10}$ □ 0.2　③ $\frac{3}{10}$ □ 0.3

④ $\frac{10}{10}$ □ 1　⑤ $\frac{1}{10}$ □ 0.2　⑥ $\frac{5}{10}$ □ 0.4

⑦ $\frac{3}{10}$ □ 0.2　⑧ $\frac{1}{10}$ □ 0　⑨ $\frac{9}{10}$ □ 1.1

14 分　数 ⑦

次(つぎ)の計算をしましょう。

① $\frac{1}{4}+\frac{1}{4}=\frac{2}{4}$　　② $\frac{1}{5}+\frac{3}{5}=$

③ $\frac{2}{4}+\frac{1}{4}=$　　④ $\frac{1}{5}+\frac{2}{5}=$

分母が同じ分数
のたし算は、
分子どうしを
計算しましょう

⑤ $\frac{2}{8}+\frac{5}{8}=$　　⑥ $\frac{4}{9}+\frac{3}{9}=$

⑦ $\frac{2}{10}+\frac{7}{10}=$　　⑧ $\frac{7}{11}+\frac{3}{11}=$

⑨ $\frac{5}{12}+\frac{6}{12}=$　　⑩ $\frac{9}{14}+\frac{3}{14}=$

⑪ $\frac{18}{22}+\frac{3}{22}=$　　⑫ $\frac{14}{30}+\frac{13}{30}=$

⑬ $\frac{34}{38}+\frac{3}{38}=$　　⑭ $\frac{15}{46}+\frac{18}{46}=$

14 分数 ⑧

名前

次の計算をしましょう。

① $\frac{3}{4}-\frac{1}{4}=\frac{2}{4}$

② $\frac{5}{6}-\frac{3}{6}=$

③ $\frac{7}{8}-\frac{4}{8}=$

④ $\frac{9}{10}-\frac{6}{10}=$

同じ分母どうしの
分数のひき算をし
ても、分母の大き
さはかわりません

⑤ $\frac{11}{12}-\frac{7}{12}=$

⑥ $\frac{13}{14}-\frac{11}{14}=$

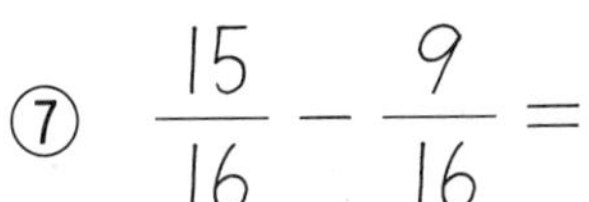

⑦ $\frac{15}{16}-\frac{9}{16}=$

⑧ $\frac{7}{11}-\frac{1}{11}=$

⑨ $\frac{15}{19}-\frac{1}{19}=$

⑩ $\frac{23}{27}-\frac{1}{27}=$

⑪ $\frac{31}{35}-\frac{1}{35}=$

⑫ $\frac{39}{43}-\frac{8}{43}=$

⑬ $\frac{47}{51}-\frac{9}{51}=$

⑭ $\frac{55}{59}-\frac{16}{59}=$

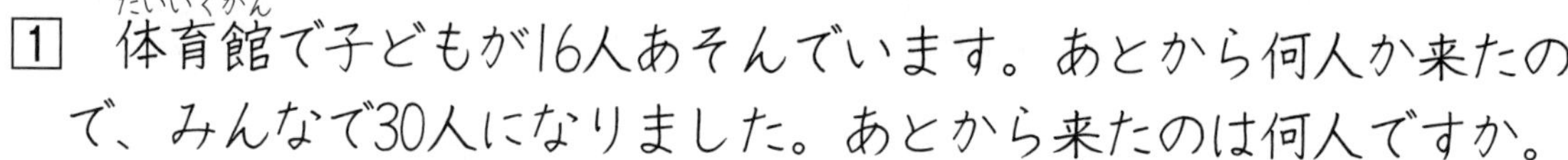

1 体育館(たいいくかん)で子どもが16人あそんでいます。あとから何人か来たので、みんなで30人になりました。あとから来たのは何人ですか。

式(しき) 16＋□＝30　　30－16＝14

はじめにいた人数　あとからきた人数　全部(ぜんぶ)の人数

わからない数を□にして考えます

答え 14人

2 公園で子どもが８人あそんでいます。あとから何人か来たので、みんなで15人になりました。あとから来たのは何人ですか。

式

答え

3 色紙が20まいあります。何まいかもらったので、30まいになりました。もらったのは何まいですか。

式

答え

4 クッキーが16まいあります。何まいか作ったので、全部で40まいになりました。あとから作ったのは何まいですか。

式

答え

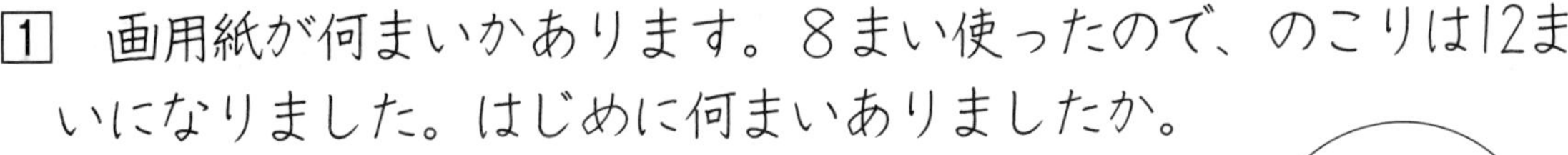

15 □を使った式 ②

名前

1 画用紙が何まいかあります。8まい使ったので、のこりは12まいになりました。はじめに何まいありましたか。

式 □－8＝12　　12＋8＝20

はじめの まい数　使った まい数　のこりの まい数

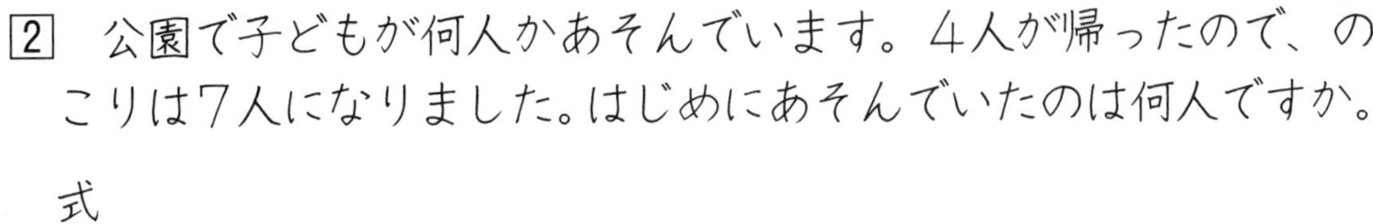

答え 20まい

2 公園で子どもが何人かあそんでいます。4人が帰ったので、のこりは7人になりました。はじめにあそんでいたのは何人ですか。

式

答え

3 色紙が何まいかあります。12まいあげたので、18まいになりました。はじめにあった色紙は何まいですか。

式

答え

4 ケーキが何こかありました。13こ食べたので、のこりは4こになりました。はじめにあったケーキは何こですか。

式

答え

15 □を使った式 ③

名前

1　4人で同じ数ずつおにぎりを作ります。おにぎりは全部(ぜんぶ)で20こになりました。1人何こ作りましたか。

式(しき)　□×4＝20　　20÷4＝5

1あたりの人数　人数　全部の数

わからない数を□にして考えます

答え　5こ

2　8人に同じ数ずつおり紙を配(くば)ります。おり紙は全部で40まいでした。1人何まい配りましたか。

式

答え

3　1人に6まいずつクッキーを配ります。クッキーは全部で54まいありました。何人に配りましたか。

式　6×□＝54

答え

4　1人が9わずつおりづるをおります。おりづるは全部で63わおれました。何人でおりましたか。

式

答え

15 □を使った式 ④

1　クラスで4人ずつのグループを作ったところ、6つのグループができました。クラス全員（ぜんいん）の人数は何人ですか。

式　□÷4＝6　　6×4＝24

全部の人数　1あたりの人数　グループの数

わからない数を□にして考えます

答え　24人

2　お楽しみ会のかざりを8人で作ったところ、1人が5こずつ作りました。全部（ぜんぶ）で何こ作りましたか。

式

答え

3　30まいの画用紙を子どもに同じ数ずつ配（くば）ると、6人に配ることができました。1人に何まいずつ配りましたか。

式

答え

4　40ページの本を、毎日同じページ数で読み、5日で読み終（お）わりました。1日何ページずつ読みましたか。

式

答え

16 かけ算の筆算（×２けた）①

名前

次(つぎ)の計算をしましょう。

①

	2	3
×	1	2

②

	3	1
×	3	2

③

	2	4
×	2	1

④

	1	2
×	2	4

⑤

	4	0
×	1	2

⑥

	1	2
×	3	2

16 かけ算の筆算（×２けた）②

名前

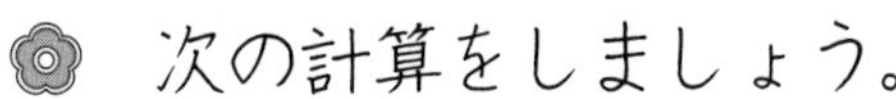

次の計算をしましょう。

①

	1	4
×	2	4

②

	1	2
×	4	8

③

	1	5
×	3	6

④

	1	7
×	2	4

⑤

	1	6
×	3	2

⑥

	1	7
×	2	5

かけ算の筆算（×2けた）③

名前

次(つぎ)の計算をしましょう。

①

		3	2
	×	5	4

②

		2	3
	×	5	5

③

		4	5
	×	6	6

④

		4	5
	×	4	8

16 かけ算の筆算（×2けた）④

名前

次の計算をしましょう。

①

		5	2
	×	4	8

②

		6	5
	×	4	7

③

		4	8
	×	6	8

④

		8	4
	×	6	4

16 かけ算の筆算（×２けた）⑤

名前

次(つぎ)の計算をしましょう。

①

	1	2	3
×		2	5

②

	2	3	1
×		3	2

③

	1	5	8
×		5	8

④

	2	3	4
×		2	6

16 かけ算の筆算（×２けた）⑥

名前

次の計算をしましょう。

①

	2	5	4
×		3	9

②

	2	2	6
×		3	7

③

	2	4	8
×		3	5

④

	2	5	8
×		3	2

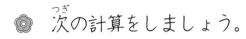

16 かけ算の筆算（×２けた）⑦

名前

次(つぎ)の計算をしましょう。

①

		5	7	8
	×		3	4

②

		4	9	8
	×		7	6

③

		7	4	5
	×		6	9

④

		5	7	1
	×		5	8

16 かけ算の筆算（×２けた）⑧

名前

次の計算をしましょう。

①

		6	0	9
	×		4	8

②

		9	0	5
	×		5	4

③

		2	0	8
	×		5	5

④

		6	0	4
	×		8	9

17 ぼうグラフと表 ①

名前

1 クラスですきな動物を調べました。

① 表の「正」の字を数字に直し、表に人数と合計をかきましょう。

すきな動物調べ

ハムスター	正 正 止
犬	正 正 一
ねこ	正 下
その他	T

すきな動物調べ

しゅるい	人数（人）
ハムスター	14
犬	
ねこ	
その他	
合計	

② いちばん多い動物は何ですか。　（　　　　　）

2 クラスですきなこん虫を調べました。

① 表の「正」の字を数字に直し、表に人数と合計をかきましょう。

すきなこん虫調べ

クワガタムシ	正 正 正
カブトムシ	正 正 T
チョウ	正 T
その他	一

すきなこん虫調べ

しゅるい	人数（人）
クワガタムシ	
カブトムシ	
チョウ	
その他	
合計	

② いちばん多いこん虫は何ですか。　（　　　　　）

17 ぼうグラフと表 ②

名前

✿ 次(つぎ)のぼうグラフで、1めもり分が表(あらわ)している大きさと、ぼうが表している大きさをたんいに気をつけてかきましょう。

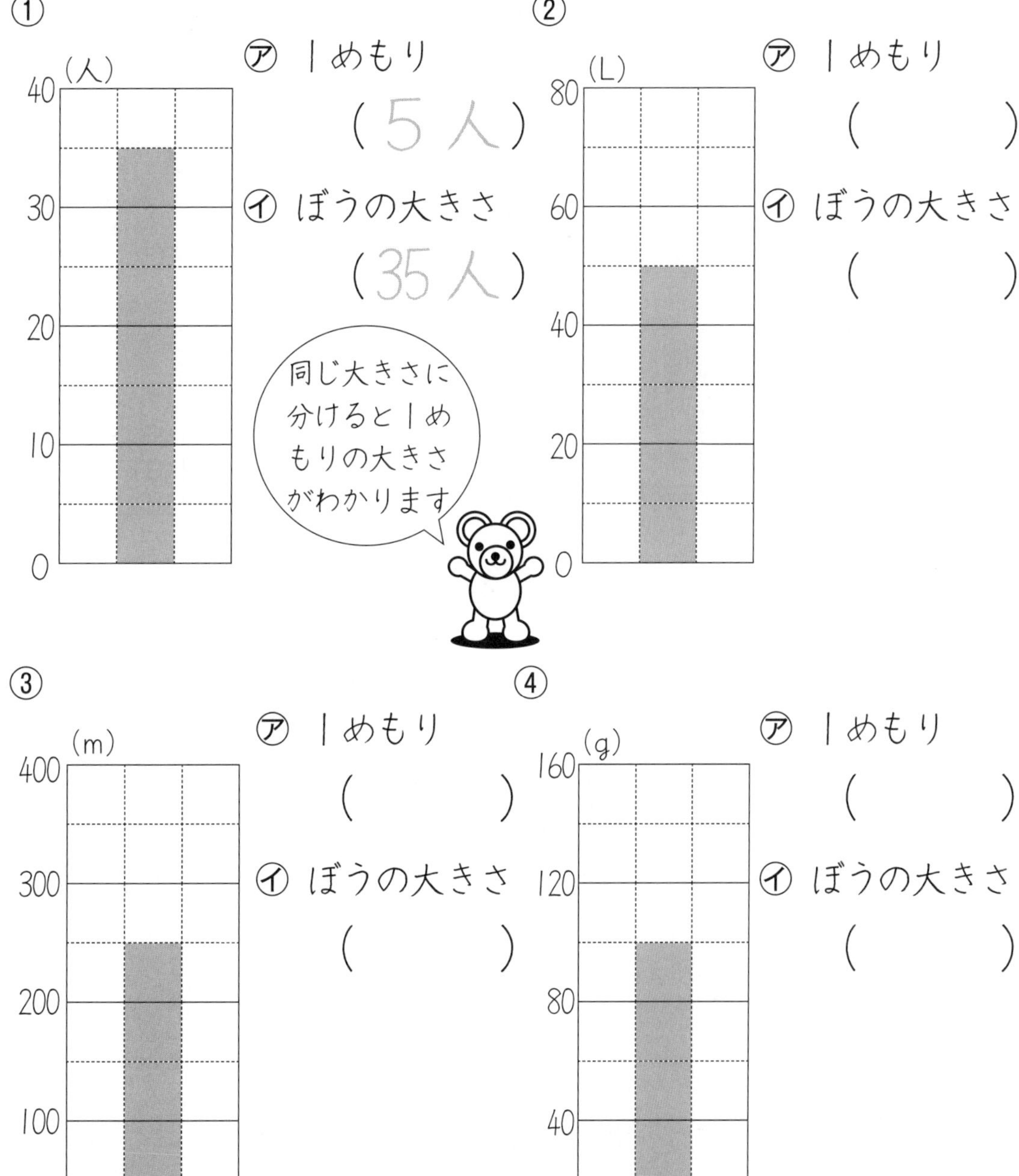

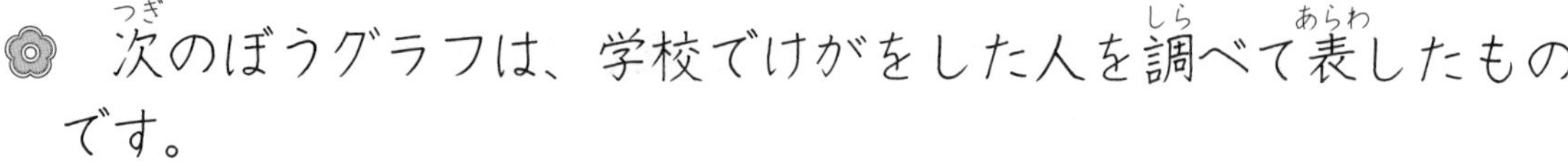

次(つぎ)のぼうグラフは、学校でけがをした人を調(しら)べて表(あらわ)したものです。

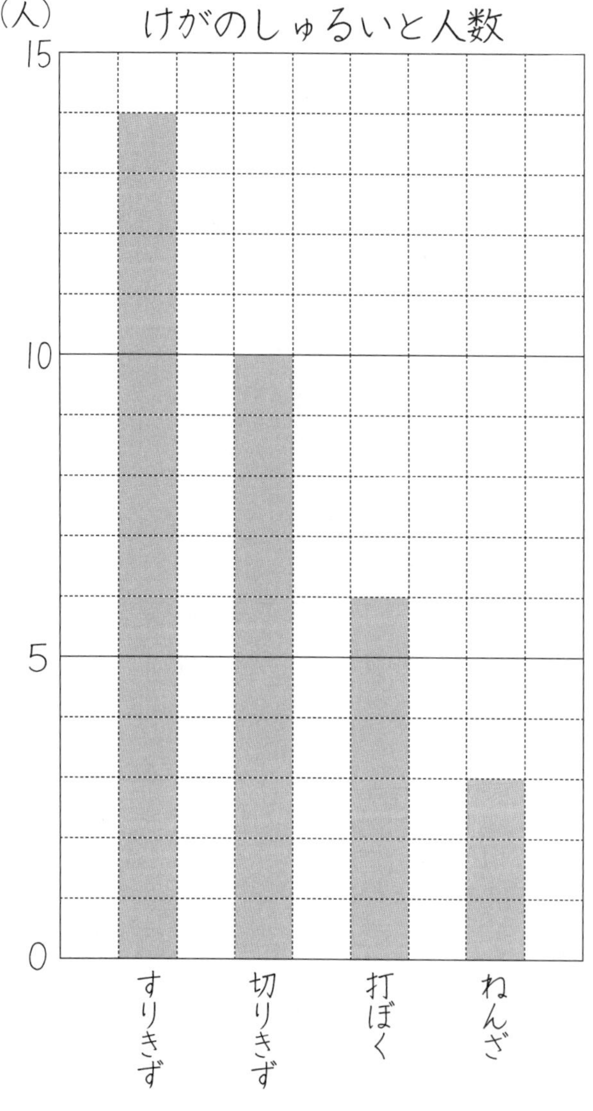

① 1めもり分は何人を表していますか。

(　　　人)

② それぞれのけがの人数を、表にかきましょう。

けがのしゅるいと人数

すりきず	人
切りきず	
打(だ)ぼく	
ねんざ	

③ 打ぼくの人数は、ねんざの人数より何人多いですか。

(　　　)

④ 打ぼくの人数は、ねんざの人数の何倍(なんばい)ですか。

(　　　)

17 ぼうグラフと表 ④

名前

◎ 次のぼうグラフは、わたるさんの家での読書時間を１週間調べて表したものです。

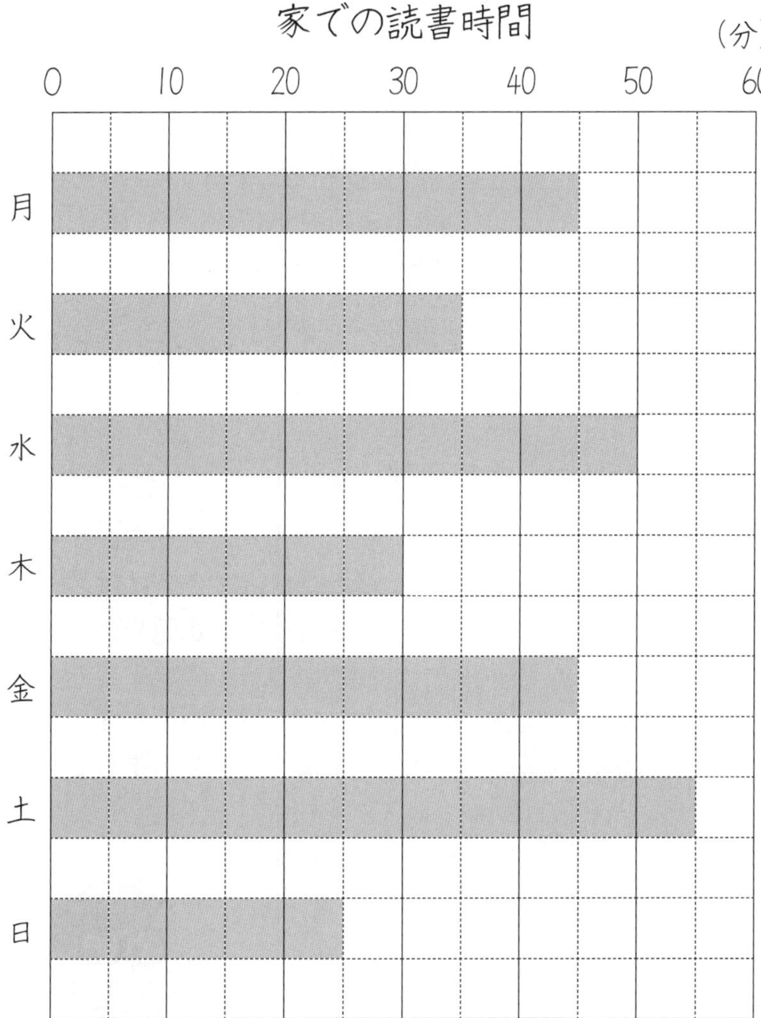

① １めもり分は何分を表していますか。

(　　　　　)

② 読書した時間を、表にかきましょう。

家での読書時間

月	分
火	
水	
木	
金	
土	
日	

③ いちばん多かった日は何曜日ですか。　(　　　　　)

④ いちばん少なかった日は何曜日ですか。　(　　　　　)

17 ぼうグラフと表 ⑤

名前

✿ 次の表を見て[ ]には表題、（ ）には場所、□には数を入れて、ぼうグラフに表しましょう。

けがをした場所と人数

場所	校庭	体育館	ろう下	教室	その他	合計
人数(人)	12	7	5	4	2	30

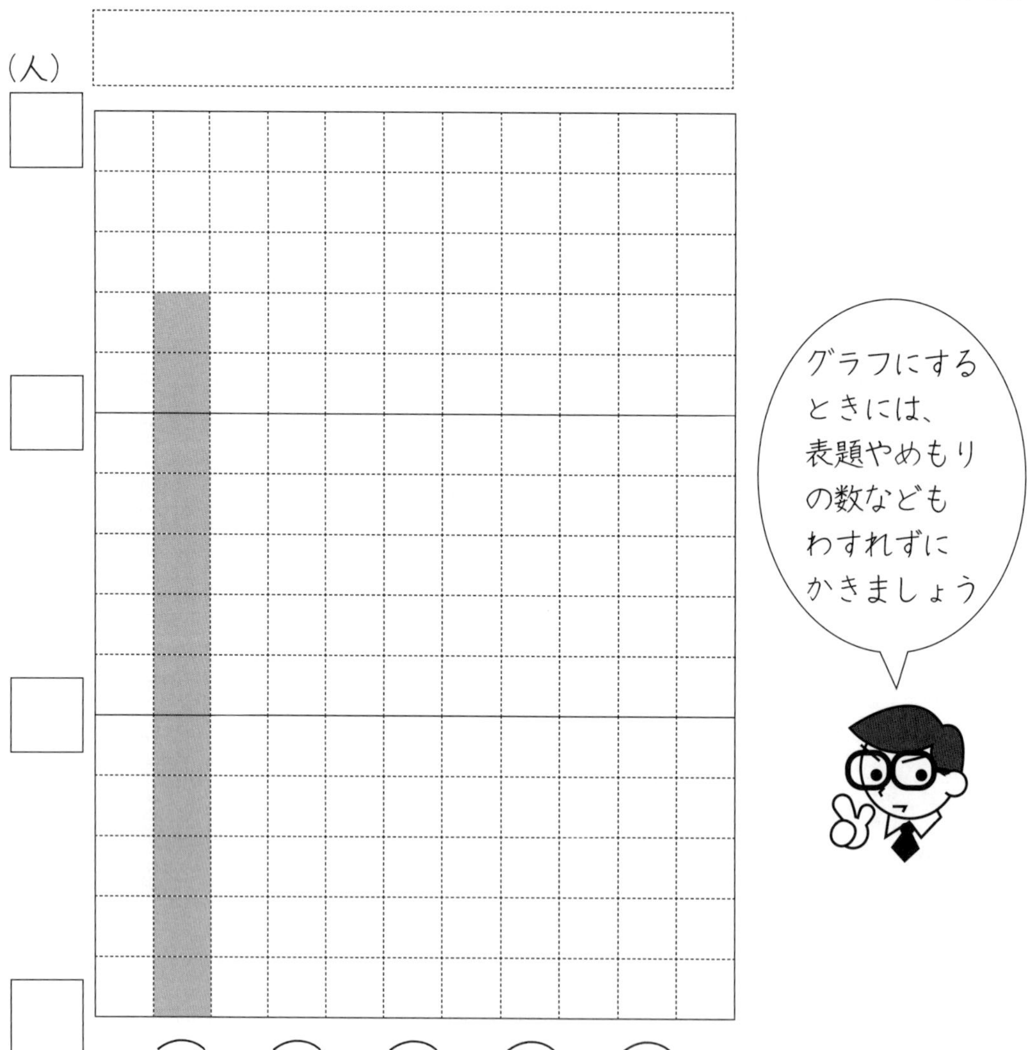

（人）
グラフにするときには、表題やめもりの数などもわすれずにかきましょう

17 ぼうグラフと表 ⑥

名前

✿ 次の表は、4月から6月のけが人の数を調(しら)べたものです。

けが調べ（4月）

しゅるい	人数(人)
すりきず	7
切りきず	3
打ぼく	5
その他	5
合計	20

けが調べ（5月）

しゅるい	人数(人)
すりきず	10
切りきず	5
打ぼく	10
その他	5
合計	30

けが調べ（6月）

しゅるい	人数(人)
すりきず	12
切りきず	4
打ぼく	5
その他	7
合計	28

① 4月から6月の3つの表を、合計も入れた1つの表にまとめましょう。

けが調べ（4月から6月）　（人）

	4月	5月	6月	合計
すりきず	7	10	12	29
切りきず	3			
打ぼく				
その他				
合計				㋐

表をまとめると、たてとよこの数の合計と、その合計を合わせた合計の数をもとめやすくなります

② 4月、5月、6月の数を合計して、いちばん多いけがは何ですか。

（　　　　　）

③ 表の㋐のところに入る人数は、何を表していますか。

（　　　　　　　　　　　　　　）

18 三角形と角 ①

名前

1 次の図で二等辺三角形に○をつけましょう。

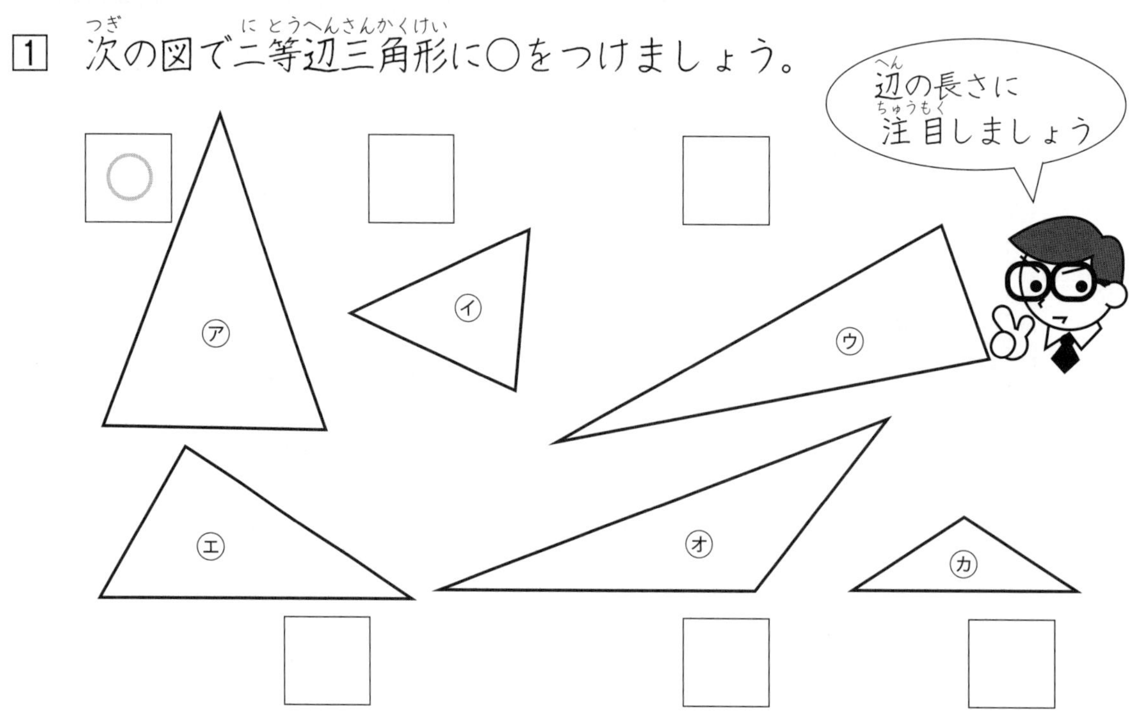

2 次の図で正三角形に○をつけましょう。

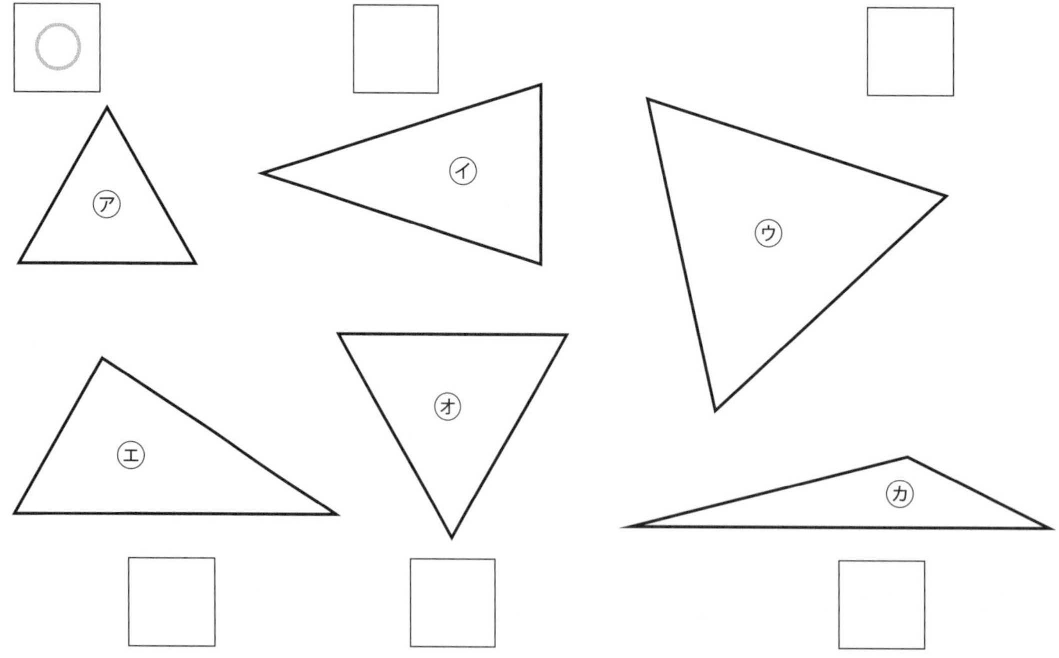

18 三角形と角 ②

名前

1 次のような二等辺三角形を、コンパスを使ってかきましょう。

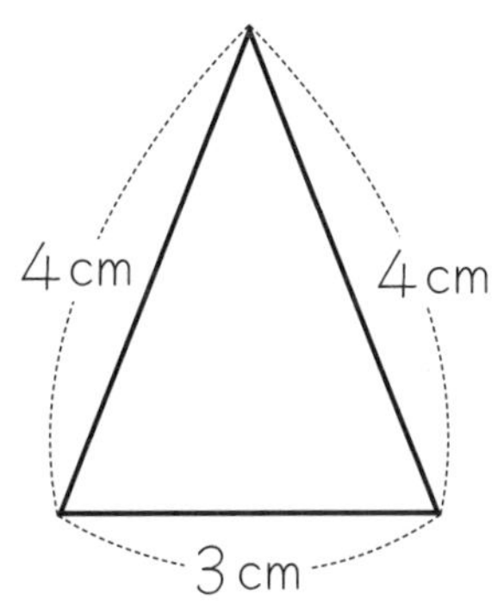

2 次のような辺の長さの二等辺三角形を、コンパスを使ってかきましょう。

① 3つの辺の長さが10cm、6cm、6cm

② 3つの辺の長さが5cm、4cm、4cm

18 三角形と角 ③

名前

1 次のような正三角形を、コンパスを使ってかきましょう。

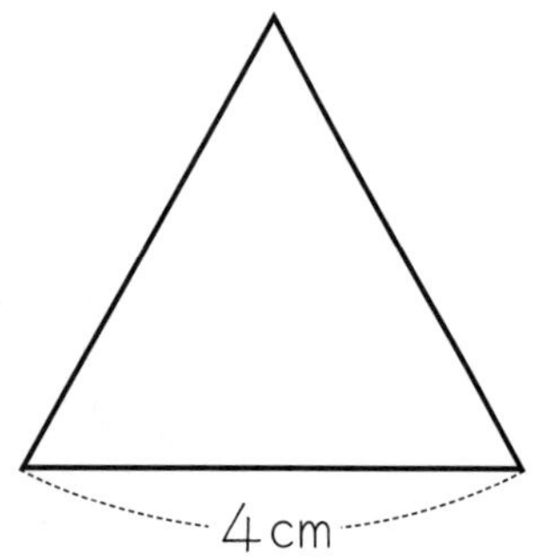

コンパスは
同じ長さの辺を
かんたんにかく
ことができます

2 次の半径3cmの円を使って、一辺の長さが3cmの正三角形をかきましょう。

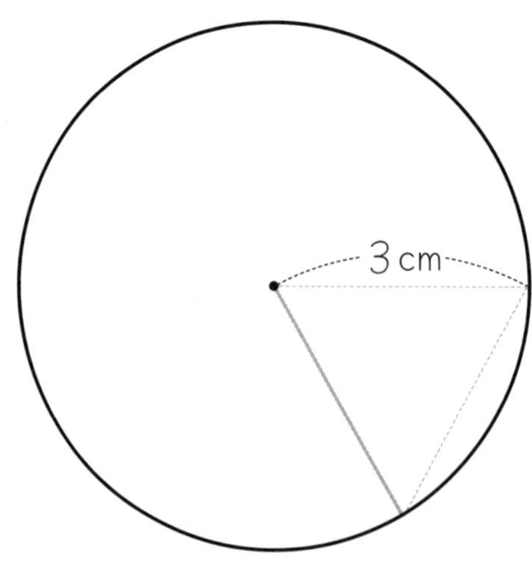

18 三角形と角 ④

名前

1 次の図の㋐、㋑を何といいますか。

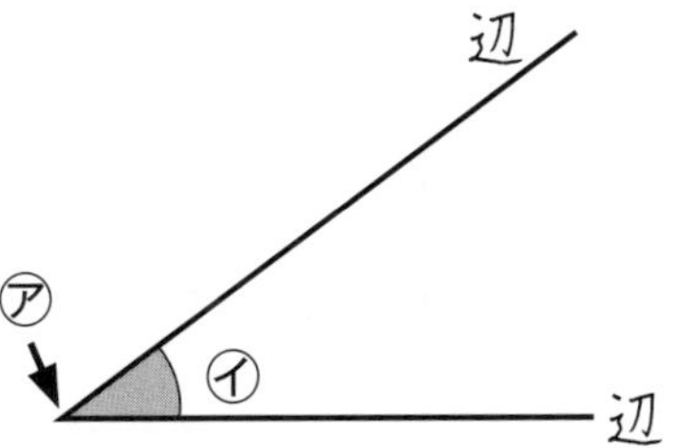

㋐（　　　　　）

㋑（　　　　　）

2 次の角の大きさをくらべて、□に不等号（ふとうごう）をかきましょう。

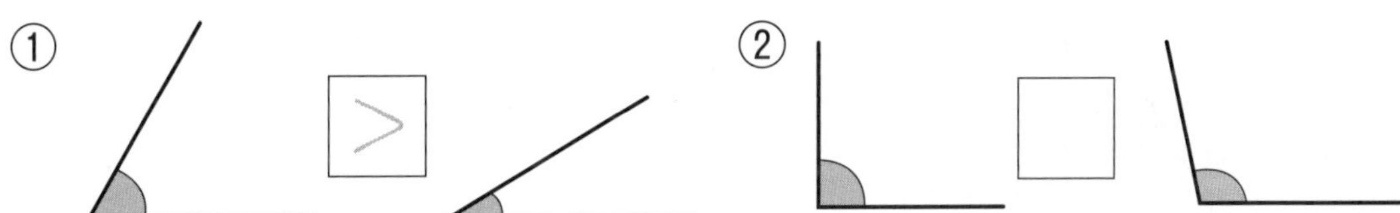

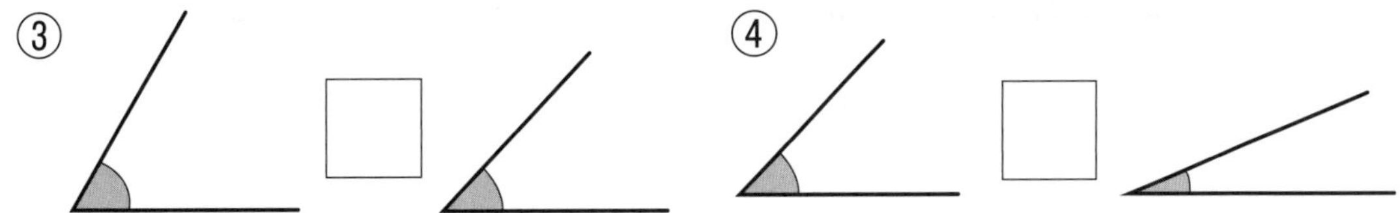

3 次の角の大きさをくらべて、大きいじゅんにかきましょう。

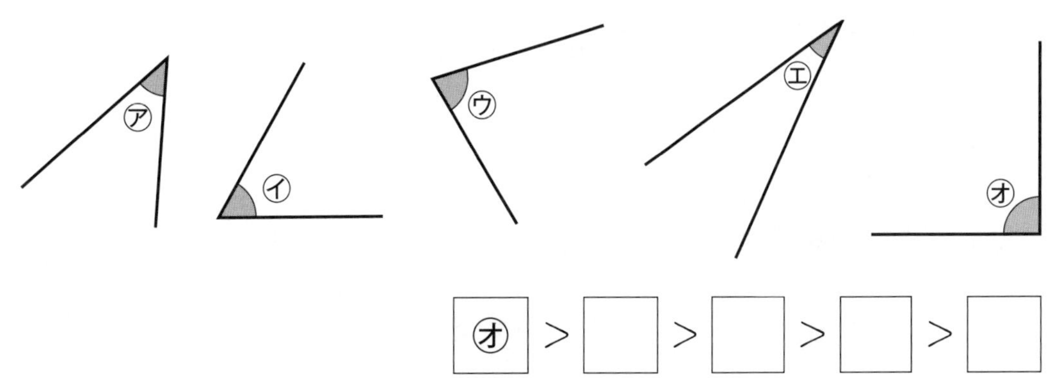

㋔ > □ > □ > □ > □

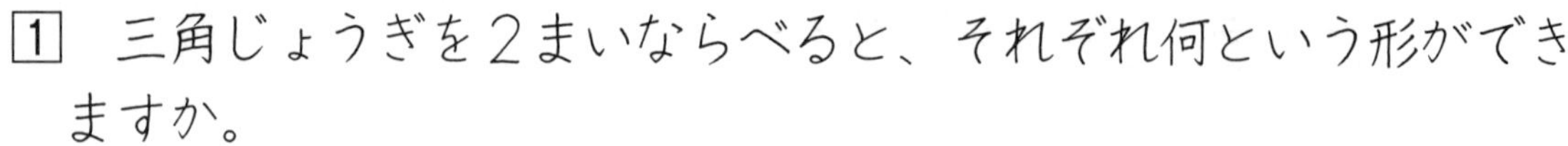

1 三角じょうぎを２まいならべると、それぞれ何という形ができますか。

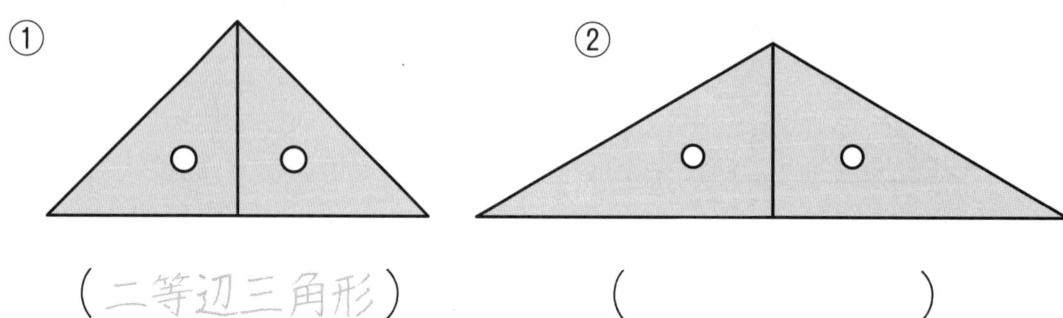

（二等辺三角形）　（　　　　）

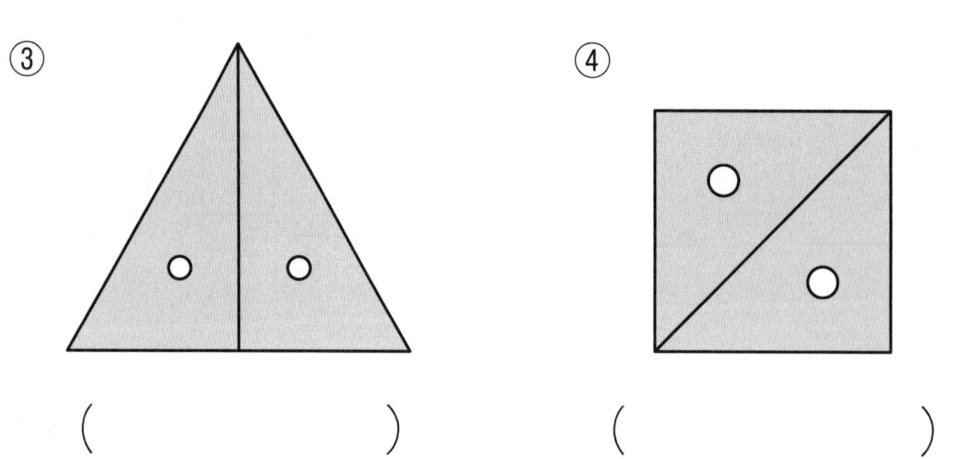

（　　　　）　（　　　　）

2 次（つぎ）の三角形の名前をかきましょう。

① 辺（へん）の長さが5cm、8cm、5cmの三角形（　　　　）

② 辺の長さがどれも5cmの三角形（　　　　）

③ ２つの角の大きさが等（ひと）しい三角形（　　　　）

④ ３つの角の大きさが等しい三角形（　　　　）

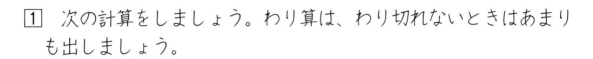

19 計算力チェック ①

1 次の計算をしましょう。わり算は、わり切れないときはあまりも出しましょう。

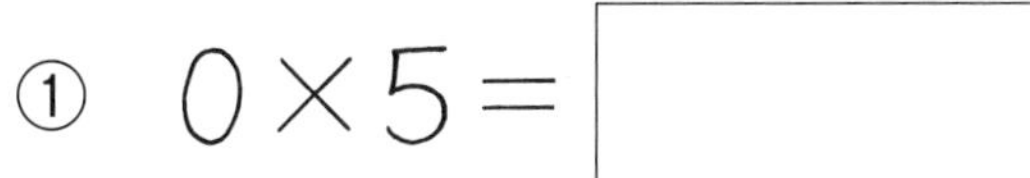

① $0 \times 5 =$ □

② $18 \times 9 =$ □

③ $42 \div 6 =$ □

④ $62 \div 7 =$ □

⑤ $228 \times 4 =$ □

⑥ $403 \times 7 =$ □

⑦ $472 + 358 =$ □

⑧ $1507 - 874 =$ □

2 □にあてはまる数をかきましょう。

① 80400 を10でわった数はいくつですか。 □

② 670000 は、1000を何こ集(あつ)めた数ですか。 □

③ 509 を、1000倍した数はいくつですか。 □

19 計算力チェック ②

1 次の計算をしましょう。わり算は、わり切れないときはあまりも出しましょう。

① $0 \times 8 =$ □

② $16 \times 9 =$ □

③ $54 \div 6 =$ □

④ $61 \div 8 =$ □

⑤ $238 \times 3 =$ □

⑥ $304 \times 7 =$ □

⑦ $473 + 257 =$ □

⑧ $1306 - 864 =$ □

2 □にあてはまる数をかきましょう。

① 7×5 の答えは、
3×5 と □ $\times 5$ の答えをあわせた数。

② 110 秒 ＝ □ 分 □ 秒

③ 820 m ＋ 360 m ＝ □ km □ m

19 計算力チェック ③

名前

半径3cmのボールがぴったり入っている箱があります。
図の□にあてはまる長さを答えましょう。

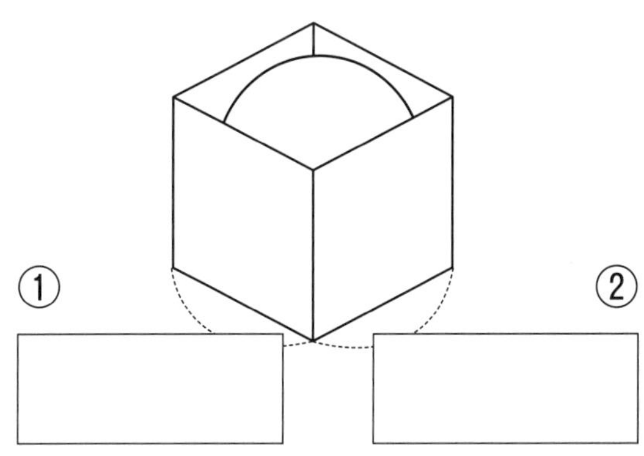

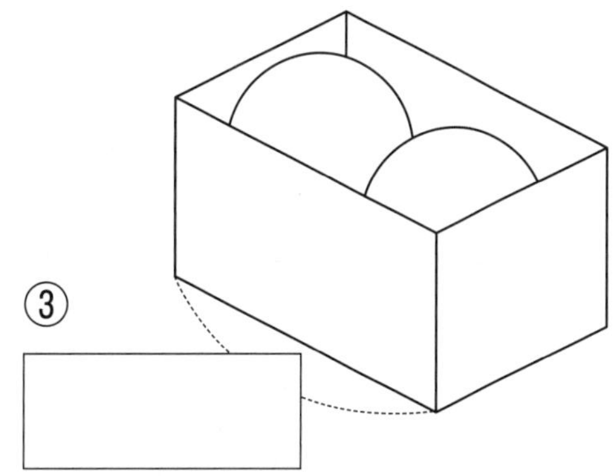

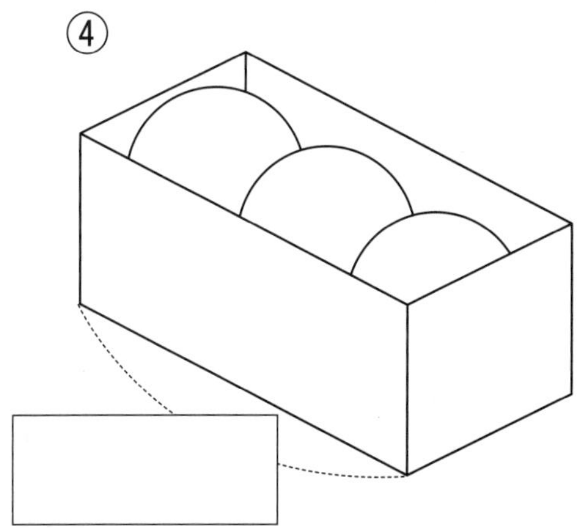

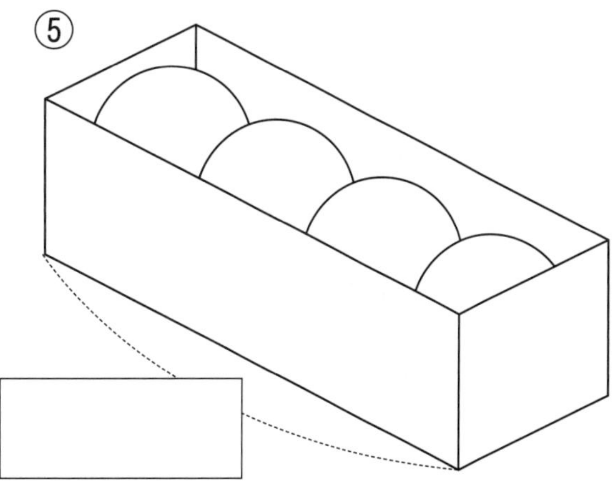

14 計算力チェック ④

名前

1 （　）に入る時間のたんいを答えましょう。

① 1日のねている時間　9（　　）

② 歌を1曲(きょく)歌う時間　4（　　）

③ きゅう食を食べる時間　20（　　）

④ 50mを走った時の時間　12（　　）

2 （　）に入る長さのたんいを答えましょう。

① 教室の横(よこ)の長さ　9（　　）

② 1時間に歩く道のり　4（　　）

③ 算数の教科書のあつさ　7（　　）

④ ボールペンの長さ　13（　　）

3 （　）に入る重さのたんいを答えましょう。

① 500円玉の重さ　7（　　）

② 自動車1台の重さ　1（　　）

③ サッカーボールの重さ　400（　　）

④ 自転車1台の重さ　20（　　）

小学３年生　答え

〔p. 4〕 **1** かけ算 ①

① 3
② 4
③ 5
④ 6
⑤ 3
⑥ 6
⑦ 5

〔p. 5〕 **1** かけ算 ②

① 3
② 4
③ 5
④ 6
⑤ 6
⑥ 7
⑦ 8

〔p. 6〕 **1** かけ算 ③

① 5
② 8
③ 9
④ 5
⑤ 7
⑥ 9

〔p. 7〕 **1** かけ算 ④

1
① 0　② 0
③ 0　④ 0
⑤ 0　⑥ 0
⑦ 0　⑧ 0
⑨ 0　⑩ 0

2
① 0　② 0
③ 0　④ 0
⑤ 0　⑥ 0
⑦ 0　⑧ 0
⑨ 0　⑩ 0

〔p. 8〕 **1** かけ算 ⑤

①
5 × 6
5 × 4 ＝ 20
5 × 2 ＝ 10
あわせて 30

②
8 × 7
8 × 5 ＝ 40
8 × 2 ＝ 16
あわせて 56

③
9 × 7
9 × 5 ＝ 45
9 × 2 ＝ 18
あわせて 63

④
7 × 8
7 × 5 ＝ 35
7 × 3 ＝ 21
あわせて 56

〔p. 9〕 **1** かけ算 ⑥

①
12 × 2
10 × 2 ＝ 20
2 × 2 ＝ 4
あわせて 24

②
14 × 4
10 × 4 ＝ 40
4 × 4 ＝ 16
あわせて 56

③

18 × 4 → 10 × 4 = 40、8 × 4 = 32

あわせて 72

④

17 × 6 → 10 × 6 = 60、7 × 6 = 42

あわせて 102

〔p. 10〕 **2 時こくと時間 ①**

1 8時50分

2 12時10分

3 20分

4 30分

〔p. 11〕 **2 時こくと時間 ②**

1 10時30分

2 2時50分

3 40＋30＝70, 70－60＝10 1時間10分

4 50＋50＝100, 100－60＝40 1時間40分

〔p. 12〕 **2 時こくと時間 ③**

1 ① 1 ② 2
③ 3 ④ 4
⑤ 1 ⑥ 2
⑦ 3 ⑧ 4

2 ① 1, 10
② 1, 30
③ 1, 40
④ 2, 30
⑤ 3, 10
⑥ 3, 20

〔p. 13〕 **2 時こくと時間 ④**

1 ① 20秒 ② 40秒
③ 49秒

2 ① 分 ② 分
③ 秒 ④ 時間
⑤ 時間

〔p. 14〕 **3 長いものの長さ ①**

✿ ① 3m50cm
② 4m50cm, 4m90cm
③ 5m73cm, 5m95cm
④ 9m65cm, 10m14cm

〔p. 15〕 **3 長いものの長さ ②**

1 ① 1000m
② 700＋450＝1150 1150m

2 ① 750m
② 400＋800＝1200 1200m

〔p. 16〕 **3 長いものの長さ ③**

1 ① 1000 ② 2000
③ 5000 ④ 10000
⑤ 12000 ⑥ 1
⑦ 6 ⑧ 10
⑨ 20 ⑩ 25

〔p. 17〕 **3 長いものの長さ ④**

1 ① 1, 100
② 1, 303
③ 5, 50
④ 5, 5
⑤ 6, 503

2 ① km ② m
③ cm ④ mm
⑤ km

キリトリ

キリトリ

キリトリ

〔p. 18〕 4 わり算 ①

① 4　② 4
③ 2　④ 6
⑤ 2　⑥ 2
⑦ 8　⑧ 2
⑨ 2　⑩ 2
⑪ 6　⑫ 3
⑬ 7　⑭ 5
⑮ 7　⑯ 7
⑰ 4　⑱ 4
⑲ 5　⑳ 5

〔p. 19〕 4 わり算 ②

① 9　② 6
③ 8　④ 7
⑤ 7　⑥ 4
⑦ 9　⑧ 5
⑨ 6　⑩ 6
⑪ 7　⑫ 5
⑬ 9　⑭ 8
⑮ 9　⑯ 3
⑰ 8　⑱ 9
⑲ 8　⑳ 9

〔p. 20〕 4 わり算 ③

1 6 ÷ 2 = 3　3まい
2 6 ÷ 3 = 2　2まい
3 12 ÷ 3 = 4　4まい

〔p. 21〕 4 わり算 ④

1 20 ÷ 5 = 4　4こ
2 20 ÷ 4 = 5　5こ
3 18 ÷ 6 = 3　3こ
4 18 ÷ 3 = 6　6こ

〔p. 22〕 4 わり算 ⑤

1 10 ÷ 2 = 5　5人
2 12 ÷ 3 = 4　4人
3 12 ÷ 2 = 6　6人

〔p. 23〕 4 わり算 ⑥

1 20 ÷ 5 = 4　4たば
2 30 ÷ 5 = 6　6人
3 40 ÷ 8 = 5　5こ
4 15 ÷ 3 = 5　5人

〔p. 24〕 4 わり算 ⑦

① 7　② 6
③ 6　④ 9

〔p. 25〕 4 わり算 ⑧

1 ① 9　② 5
③ 4　④ 8
⑤ 7　⑥ 6

2 ① 0　② 0
③ 0　④ 0
⑤ 0　⑥ 0

〔p. 26〕 4 わり算 ⑨

① 9　② 8
③ 6　④ 8
⑤ 4　⑥ 9
⑦ 7　⑧ 3
⑨ 6　⑩ 7
⑪ 2　⑫ 3
⑬ 5　⑭ 3
⑮ 2　⑯ 3
⑰ 8　⑱ 5
⑲ 5　⑳ 4

〔p. 27〕 **4** わり算 ⑩

✿ ① 4　② 3
③ 6　④ 2
⑤ 6　⑥ 4
⑦ 9　⑧ 5
⑨ 8　⑩ 5
⑪ 7　⑫ 8
⑬ 2　⑭ 6
⑮ 9　⑯ 4
⑰ 7　⑱ 8
⑲ 4　⑳ 6

〔p. 28〕 **4** わり算 ⑪

✿ ① 8　② 3
③ 2　④ 4
⑤ 8　⑥ 3
⑦ 6　⑧ 5
⑨ 7　⑩ 9
⑪ 7　⑫ 8
⑬ 2　⑭ 7
⑮ 7　⑯ 6
⑰ 4　⑱ 9
⑲ 9　⑳ 9

〔p. 29〕 **4** わり算 ⑫

1 16 ÷ 2 = 8　8こ
2 30 ÷ 6 = 5　5本
3 20 ÷ 5 = 4　4たば
4 21 ÷ 3 = 7　7人

〔p. 30〕 **5** たし算とひき算の筆算 ①

✿ ①

	5	4	6
+	4	5	3
	9	9	9

②

	1	2	4
+	4	3	1
	5	5	5

③

	2	3	4
+	4	3	2
	6	6	6

④

	2	4	2
+	5	3	5
	7	7	7

⑤

	3	6	1
+	2	2	5
	5	8	6

⑥

	4	5	3
+	3	1	6
	7	6	9

〔p. 31〕 **5** たし算とひき算の筆算 ②

✿ ① 390　② 560
③ 690　④ 690
⑤ 519　⑥ 666
⑦ 978　⑧ 846

〔p. 32〕 **5** たし算とひき算の筆算 ③

✿ ① 853　② 714
③ 920　④ 942
⑤ 730　⑥ 621
⑦ 745　⑧ 980

〔p. 33〕 **5** たし算とひき算の筆算 ④

✿ ① 604　② 805
③ 803　④ 803
⑤ 600　⑥ 800
⑦ 600　⑧ 600

〔p. 34〕 **5** たし算とひき算の筆算 ⑤

✿ ①

	5	7	8
−	3	4	5
	2	3	3

②

	9	6	8
−	3	6	2
	6	0	6

③

	4	7	5
−	1	4	2
	3	3	3

④

	7	6	8
−	3	2	5
	4	4	3

⑤

	5	8	9
−	3	5	7
	2	3	2

⑥

	5	9	6
−	2	6	3
	3	3	3

〔p. 35〕 **5 たし算とひき算の筆算 ⑥**

① 269　② 216
③ 264　④ 228
⑤ 242　⑥ 482
⑦ 261　⑧ 352

〔p. 36〕 **5 たし算とひき算の筆算 ⑦**

① 88　② 59
③ 189　④ 187
⑤ 195　⑥ 264
⑦ 172　⑧ 266

〔p. 37〕 **5 たし算とひき算の筆算 ⑧**

① 395　② 197
③ 694　④ 193
⑤ 228　⑥ 217
⑦ 328　⑧ 145

〔p. 38〕 **5 たし算とひき算の筆算 ⑨**

① 9819　② 4707
③ 7760　④ 7971
⑤ 8801　⑥ 8900
⑦ 9865　⑧ 6901

〔p. 39〕 **5 たし算とひき算の筆算 ⑩**

① 5555　② 7531
③ 6026　④ 1706
⑤ 6593　⑥ 4256
⑦ 3484　⑧ 3526

〔p. 40〕 **6 暗算 ①**

1 100 [−59] =100 [−50][− 9] =50− 9 =41
100 [−59] =100 [−60][+ 1] =40+ 1 =41
41

2 100 [−39] =100 [−30][− 9] =70− 9 =61
100 [−39] =100 [−40][+ 1] =60+ 1 =61
61

3 100 [−79] =100 [−70][− 9] =30− 9 =21
100 [−79] =100 [−80][+ 1] =20+ 1 =21
21

〔p. 41〕 **6 暗算 ②**

1 100 [−47] =100 [−40][− 7] =60− 7 =53
100 [−47] =100 [−50][+ 3] =50+ 3 =53
53

2 100 [−23] =100 [−20][− 3] =80− 3 =77
100 [−23] =100 [−30][+ 7] =70+ 7 =77
77

3 100 [−41] =100 [−40][− 1] =60− 1 =59
100 [−41] =100 [−50][+ 9] =50+ 9 =59
59

〔p. 42〕 **7 あまりのあるわり算 ①**

1 14÷ 3 = 4 あまり 2
1 人分は 4 こで、 2 こあまる

2 20÷ 7 = 2 あまり 6
1 人分は 2 まいで、 6 まいあまる

3 54÷ 8 = 6 あまり 6
1 人分は 6 こで、 6 こあまる

〔p. 43〕 **7 あまりのあるわり算 ②**

1 7 ÷ 2 = 3 あまり 1
3 人に分けられて、 1 こあまる

2 17÷ 6 = 2 あまり 5
2 人に分けられて、 5 こあまる

3 18÷ 5 = 3 あまり 3
3 人に分けられて、 3 こあまる

〔p. 44〕 **7 あまりのあるわり算 ③**

1 ① ○　② ○
③ ×　④ ○
⑤ ○　⑥ ○
⑦ ×　⑧ ×
⑨ ×　⑩ ×

2 ○をつける

①, ⑤

〔p. 45〕 **7 あまりのあるわり算 ④**

① 7 ÷ 2 = 3 あまり 1
2 × 3 + 1 = 7

② 3 × 5 + 2 = 17

③ 4 × 5 + 1 = 21

④ 6 × 5 + 5 = 35

⑤ 8 × 5 + 2 = 42

〔p. 46〕 **7 あまりのあるわり算 ⑤**

① 4 あまり 5　② 4 あまり 1
③ 4 あまり 1　④ 9 あまり 7
⑤ 3 あまり 4　⑥ 2 あまり 1
⑦ 5 あまり 3　⑧ 9 あまり 1
⑨ 7 あまり 1　⑩ 5 あまり 2
⑪ 9 あまり 1　⑫ 7 あまり 4
⑬ 8 あまり 4　⑭ 7 あまり 5
⑮ 3 あまり 3　⑯ 5 あまり 3
⑰ 4 あまり 7　⑱ 2 あまり 1
⑲ 2 あまり 5　⑳ 4 あまり 2

〔p. 47〕 **7 あまりのあるわり算 ⑥**

① 6 あまり 1　② 6 あまり 1
③ 1 あまり 2　④ 6 あまり 5
⑤ 8 あまり 2　⑥ 5 あまり 2
⑦ 7 あまり 1　⑧ 9 あまり 4
⑨ 2 あまり 3　⑩ 7 あまり 1
⑪ 9 あまり 2　⑫ 6 あまり 4
⑬ 5 あまり 3　⑭ 7 あまり 1
⑮ 3 あまり 3　⑯ 8 あまり 2
⑰ 5 あまり 1　⑱ 8 あまり 2
⑲ 5 あまり 6　⑳ 2 あまり 3

〔p. 48〕 **7 あまりのあるわり算 ⑦**

① 7 あまり 3　② 2 あまり 2
③ 2 あまり 4　④ 2 あまり 7
⑤ 5 あまり 5　⑥ 7 あまり 4
⑦ 1 あまり 4　⑧ 1 あまり 4
⑨ 3 あまり 5　⑩ 4 あまり 5
⑪ 7 あまり 8　⑫ 4 あまり 5
⑬ 7 あまり 4　⑭ 6 あまり 7
⑮ 1 あまり 4　⑯ 4 あまり 8
⑰ 6 あまり 4　⑱ 3 あまり 6
⑲ 8 あまり 8　⑳ 3 あまり 3

〔p. 49〕 **7 あまりのあるわり算 ⑧**

① 5 あまり 7　② 6 あまり 8
③ 6 あまり 3　④ 1 あまり 7
⑤ 8 あまり 5　⑥ 3 あまり 8
⑦ 4 あまり 7　⑧ 8 あまり 2
⑨ 2 あまり 6　⑩ 2 あまり 7
⑪ 7 あまり 5　⑫ 7 あまり 2
⑬ 3 あまり 2　⑭ 6 あまり 5
⑮ 2 あまり 3　⑯ 3 あまり 3
⑰ 1 あまり 6　⑱ 3 あまり 7
⑲ 2 あまり 6　⑳ 3 あまり 4

〔p. 50〕 **7 あまりのあるわり算 ⑨**

① 9 あまり 4　② 7 あまり 5
③ 2 あまり 2　④ 5 あまり 3
⑤ 8 あまり 2　⑥ 1 あまり 5
⑦ 8 あまり 7　⑧ 1 あまり 4
⑨ 6 あまり 1　⑩ 8 あまり 5
⑪ 4 あまり 4　⑫ 4 あまり 1
⑬ 4 あまり 1　⑭ 1 あまり 3
⑮ 6 あまり 2　⑯ 5 あまり 3
⑰ 9 あまり 2　⑱ 4 あまり 6
⑲ 6 あまり 4　⑳ 4 あまり 2

キリトリ

〔p. 51〕 7 あまりのあるわり算 ⑩

❀ ① 3あまり7　② 9あまり1
③ 5あまり3　④ 1あまり6
⑤ 5あまり8　⑥ 8あまり2
⑦ 9あまり2　⑧ 2あまり3
⑨ 4あまり4　⑩ 6あまり2
⑪ 8あまり1　⑫ 1あまり7
⑬ 7あまり6　⑭ 4あまり3
⑮ 4あまり2　⑯ 4あまり3
⑰ 2あまり7　⑱ 9あまり2
⑲ 7あまり5　⑳ 7あまり6

〔p. 52〕 7 あまりのあるわり算 ⑪

1 14÷4＝3あまり2　4こ
2 35÷6＝5あまり5　6こ
3 65÷8＝8あまり1　9こ

〔p. 53〕 7 あまりのあるわり算 ⑫

1 18÷4＝4あまり2　4パック
2 20÷3＝6あまり2　6たば
3 30÷4＝7あまり2　7たば

〔p. 54〕 8 大きい数のしくみ ①

❀ ① 二万五千百三十四
② 2，5，1，3，4
③ 2

〔p. 55〕 8 大きい数のしくみ ②

❀ ① 四万六千四百二十五
② 三万九千五百三
③ 二万八千五十六
④ 一万三千百十二
⑤ 五万二百五十七
⑥ 三万四千三十

〔p. 56〕 8 大きい数のしくみ ③

1 ① 5，3，2，4，1
② 3，9，4，7
③ 9，8，4
④ 5，6，9

2 ① 56788
② 67090
③ 70976

〔p. 57〕 8 大きい数のしくみ ④

1 ① 一万，10000
② 十万，100000
③ 百万，1000000
④ 千万，10000000

2 ① 1，3，1，4，2，6，4
② 7，2，6，9，4，5，8，3
③ 6，2，4，9，3

〔p. 58〕 8 大きい数のしくみ ⑤

1 ① 2000
② 9000
③ 10000
④ 25000
⑤ 50000

2 ① 5
② 8
③ 10
④ 15
⑤ 85
⑥ 980

〔p. 59〕 8 大きい数のしくみ ⑥

① 1000

② ㋐ 1000　㋑ 9000　㋒ 16000

③

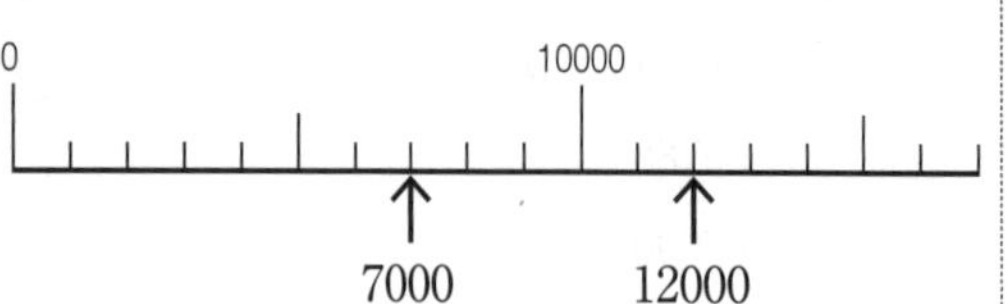

④ 8000　⑤ 12000

⑥ 11000　⑦ 9000

〔p. 60〕 8 大きい数のしくみ ⑦

1 ① =　② <

③ >　④ <

⑤ =　⑥ >

⑦ >　⑧ <

⑨ <　⑩ =

2 ① =　② <

③ >　④ <

〔p. 61〕 8 大きい数のしくみ ⑧

1 ① 200　② 250

③ 300　④ 1250

2 ① 4000　② 3500

③ 6000　④ 22500

3 ① 30000　② 45000

③ 50000　④ 325000

4 ① 5　② 6

③ 70　④ 80

〔p. 62〕 9 かけ算の筆算（×１けた）①

①

	2	4
×		2
	4	8

②

	1	4
×		2
	2	8

③

	3	2
×		3
	9	6

④

	3	4
×		2
	6	8

⑤

	2	2
×		4
	8	8

⑥

	4	3
×		2
	8	6

〔p. 63〕 9 かけ算の筆算（×１けた）②

① 78　② 91　③ 80

④ 92　⑤ 96　⑥ 96

⑦ 128　⑧ 188　⑨ 160

〔p. 64〕 9 かけ算の筆算（×１けた）③

① 260　② 280　③ 273

④ 340　⑤ 756　⑥ 144

⑦ 256　⑧ 470　⑨ 332

〔p. 65〕 9 かけ算の筆算（×１けた）④

① 513　② 216　③ 532

④ 234　⑤ 544　⑥ 539

⑦ 408　⑧ 304　⑨ 201

〔p. 66〕 9 かけ算の筆算（×１けた）⑤

① 936　② 369

③ 846　④ 939

⑤ 848　⑥ 628

⑦ 699　⑧ 684

〔p. 67〕 9 かけ算の筆算（×１けた）⑥

① 951　② 675

③ 768　④ 932

⑤ 736　⑥ 777

⑦ 822　⑧ 740

〔p. 68〕 9 かけ算の筆算（×１けた）⑦

① 3248　② 2728

③ 3255　④ 1971

⑤ 6118　⑥ 4722

⑦ 5000　⑧ 6120

〔p. 69〕 9 かけ算の筆算（×１けた）⑧

1 14×２=28　28ページ

2 125×４=500　500円

3 24×４=96　96こ

4 2000×3＝6000 6000m

〔p. 70〕 10 大きい数のわり算 ①

1 60÷3＝20 20まい

2 ① 30 ② 20
③ 40 ④ 20
⑤ 10 ⑥ 20
⑦ 30 ⑧ 10
⑨ 10 ⑩ 10
⑪ 10 ⑫ 50

〔p. 71〕 10 大きい数のわり算 ②

1 36÷3＝12 12まい

2 ① 24 ② 21
③ 43 ④ 41
⑤ 32 ⑥ 12
⑦ 31 ⑧ 22
⑨ 12 ⑩ 21
⑪ 23 ⑫ 33

〔p. 72〕 11 小 数 ①

① 0.2L ② 0.5L ③ 0.8L
④ 1.4L ⑤ 1.9L

〔p. 73〕 11 小 数 ②

1 ① 0.9
② 1
③ 1.1
④ 2
⑤ 5.5

2 ① 2.5
② 1.8
③ 3.7
④ 2.1
⑤ 6.3

〔p. 74〕 11 小 数 ③

1 ① 6.8cm ② 9.7cm

2 ① 0.1L
② ㋐ 0.9L ㋑ 2L ㋒ 3.1L
③

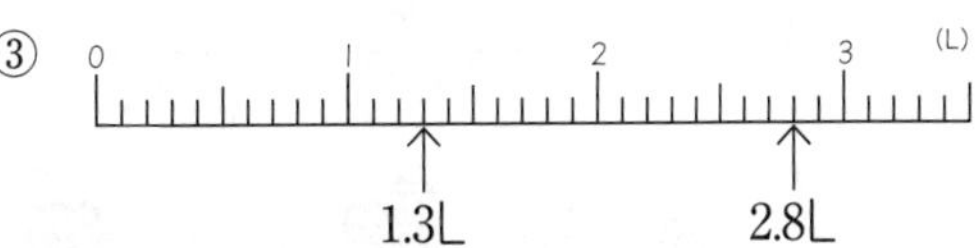

〔p. 75〕 11 小 数 ④

1 ① 0.2 ② 0.3
③ 0.1 ④ 0.2

2 ① < ② >
③ < ④ <
⑤ < ⑥ <

〔p. 76〕 11 小 数 ⑤

① 5.8 ② 6.9 ③ 6.4
④ 6 ⑤ 8 ⑥ 8
⑦ 10.3 ⑧ 10.1 ⑨ 10.1

〔p. 77〕 11 小 数 ⑥

① 4.1 ② 2.4 ③ 3.1
④ 1.4 ⑤ 1.9 ⑥ 0.8
⑦ 1.7 ⑧ 1.5 ⑨ 0.4

〔p. 78〕 11 小 数 ⑦

① 10.6 ② 60.2
③ 13.7 ④ 22.5
⑤ 19.2 ⑥ 29.6
⑦ 12.4 ⑧ 13.5

〔p. 79〕 11 小 数 ⑧

1 0.5＋0.3＝0.8 0.8L

2 1.2＋0.8＝2 2L

3 0.8－0.2＝0.6 0.6L

4 1－0.3＝0.7 0.7L

〔p. 80〕 **12** 重　さ①

1 ①

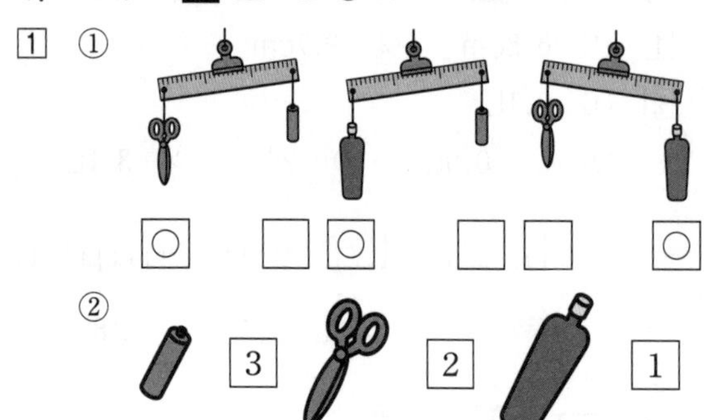

② 3 2 1

2 ① のり

② 5こ分

③ のり30g，はさみ25g，電池20g

〔p. 81〕 **12** 重　さ②

① 1000g

② 5g

③ ㋐ 30g

㋑ 275g

㋒ 505g

㋓ 870g

〔p. 82〕 **12** 重　さ③

① 4kg

② 20g

③ ㋐ 100g

㋑ 1100g（1kg100g）

㋒ 2020g（2kg20g）

㋓ 3180g（3kg180g）

〔p. 83〕 **12** 重　さ④

① 2kg

② 10g

③ ㋐ 50g

㋑ 550g

㋒ 1010g（1kg10g）

㋓ 1590g（1kg590g）

〔p. 84〕 **12** 重　さ⑤

① 2500g　② 2250g

③ 3089g　④ 3050g

⑤ 3012g　⑥ 4005g

⑦ 4008g　⑧ 4001g

⑨ 5509g　⑩ 5201g

〔p. 85〕 **12** 重　さ⑥

① 6kg100g　② 6kg540g

③ 7kg50g　④ 7kg29g

⑤ 7kg10g　⑥ 8kg3g

⑦ 8kg1g　⑧ 8kg8g

⑨ 9kg202g　⑩ 9kg807g

〔p. 86〕 **12** 重　さ⑦

① g　② kg

③ g　④ kg

⑤ g　⑥ kg

⑦ g　⑧ kg

⑨ g　⑩ g

⑪ kg　⑫ t

〔p. 87〕 **12** 重　さ⑧

1 300＋800＝1100　1100g

2 1200－900＝300　300g

3 30＋3＝33　33kg

4 31－2＝29　29kg

キリトリ

〔p. 88〕 **13** 円と球 ①

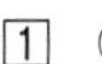

1 ①

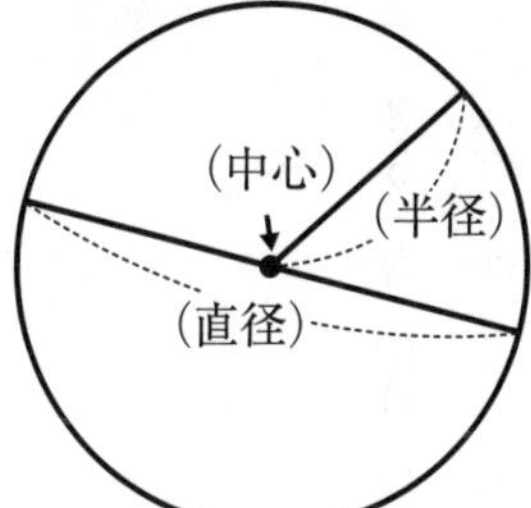

②

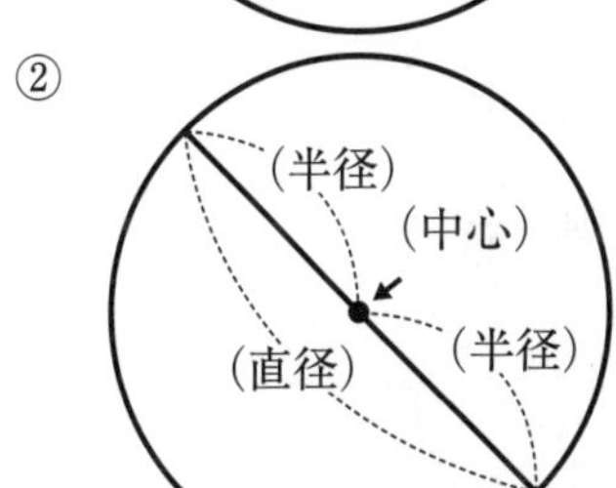

2 ① 半径 3 cm，直径 6 cm

② 半径 4 cm，直径 8 cm

〔p. 89〕 **13** 円と球 ②

✿ ① 半径 4 cm，直径 8 cm

② 半径 5 cm，直径10cm

③ 半径 7 cm，直径14cm

④ 半径 8 cm，直径16cm

⑤ 半径10cm，直径20cm

⑥ 半径 9 cm，直径18cm

〔p. 90〕 **13** 円と球 ③

1 ① 3　② 5

③ 9　④ 5

⑤ 6　⑥ 9

2 しょうりゃく

〔p. 91〕 **13** 円と球 ④

✿ しょうりゃく

〔p. 92〕 **13** 円と球 ⑤

✿ しょうりゃく

〔p. 93〕 **13** 円と球 ⑥

1 ① ㋐ 球の中心

㋑ 球の半径

㋒ 球の直径

② 円

2 ① 2 × 2 × 3 = 12　12cm

② 2 × 2 × 2 = 8　8 cm

〔p. 94〕 **14** 分 数 ①

✿ ① $\frac{1}{4}$　② $\frac{1}{7}$

③ $\frac{1}{5}$　④ $\frac{1}{5}$

⑤ $\frac{1}{2}$　⑥ $\frac{1}{8}$

⑦ $\frac{1}{6}$　⑧ $\frac{1}{10}$

〔p. 95〕 **14** 分 数 ②

✿ ① $\frac{2}{4}$　② $\frac{3}{7}$

③ $\frac{3}{5}$　④ $\frac{2}{5}$

⑤ $\frac{4}{5}$　⑥ $\frac{5}{8}$

⑦ $\frac{3}{6}$　⑧ $\frac{8}{10}$

〔p. 96〕 **14** 分 数 ③

1 ① $\frac{1}{5}$L　② $\frac{2}{5}$L

③ $\frac{4}{5}$L　④ $\frac{5}{5}$L

2 ① $\frac{1}{4}$L　② $\frac{2}{4}$L

③ $\frac{4}{4}$L

〔p. 97〕 **14** 分 数 ④

1 ① 5，3，3

② 4，3，3

③ 6，5，5

④ 3，2，2

2 ① $<$　② $>$　③ $<$

④ ＝　⑤ $<$　⑥ $>$

⑦ ＝　⑧ $>$　⑨ ＝

3 ① 1　② 2　③ 3
④ 4　⑤ 7　⑥ 9

〔p. 98〕 14 分　数 ⑤

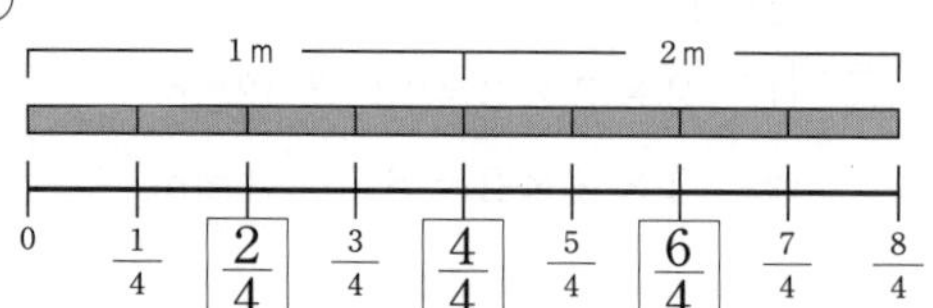

②

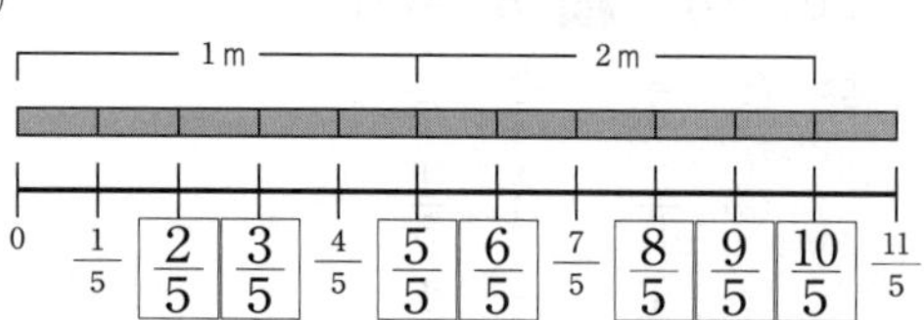

2 ①

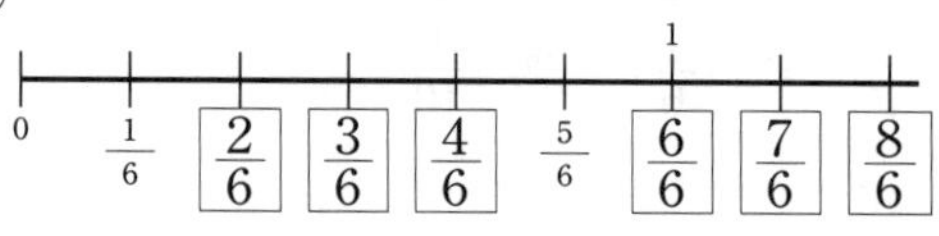

②

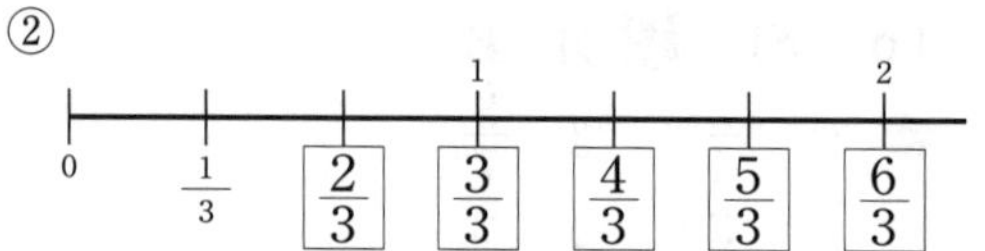

〔p. 99〕 14 分　数 ⑥

1 ①

0　$\frac{1}{10}$　$\frac{2}{10}$　$\frac{3}{10}$　$\frac{4}{10}$　$\frac{5}{10}$　$\frac{6}{10}$　$\frac{7}{10}$　$\frac{8}{10}$　$\frac{9}{10}$　$\frac{10}{10}$　$\frac{11}{10}$

0　0.1　0.2　0.3　0.4　0.5　0.6　0.7　0.8　0.9　1　1.1

② 5

③ 5

2 ① 0.1　② 0.2　③ 0.3
④ 0.7　⑤ 0.8　⑥ 1

3 ① ＝　② ＝　③ ＝
④ ＝　⑤ <　⑥ >
⑦ >　⑧ >　⑨ <

〔p. 100〕 14 分　数 ⑦

✿ ① $\frac{2}{4}$　② $\frac{4}{5}$
③ $\frac{3}{4}$　④ $\frac{3}{5}$
⑤ $\frac{7}{8}$　⑥ $\frac{7}{9}$
⑦ $\frac{9}{10}$　⑧ $\frac{10}{11}$
⑨ $\frac{11}{12}$　⑩ $\frac{12}{14}$
⑪ $\frac{21}{22}$　⑫ $\frac{27}{30}$
⑬ $\frac{37}{38}$　⑭ $\frac{33}{46}$

〔p. 101〕 14 分　数 ⑧

✿ ① $\frac{2}{4}$　② $\frac{2}{6}$
③ $\frac{3}{8}$　④ $\frac{3}{10}$
⑤ $\frac{4}{12}$　⑥ $\frac{2}{14}$
⑦ $\frac{6}{16}$　⑧ $\frac{6}{11}$
⑨ $\frac{14}{19}$　⑩ $\frac{22}{27}$
⑪ $\frac{30}{35}$　⑫ $\frac{31}{43}$
⑬ $\frac{38}{51}$　⑭ $\frac{39}{59}$

〔p. 102〕 15 □を使った式 ①

1 16＋□＝30
30－16＝14　14人

2 8＋□＝15
15－8＝7　7人

3 20＋□＝30
30－20＝10　10まい

4 16＋□＝40
40－16＝24　24まい

キリトリ
キリトリ
キリトリ

〔p. 103〕 15 □を使った式 ②

1 □－８＝12

12＋８＝20　　20まい

2 □－４＝７

７＋４＝11　　11人

3 □－12＝18

18＋12＝30　　30まい

4 □－13＝４

４＋13＝17　　17こ

〔p. 104〕 15 □を使った式 ③

1 □×４＝20

20÷４＝５　　５こ

2 □×８＝40

40÷８＝５　　５まい

3 ６×□＝54

54÷６＝９　　９人

4 ９×□＝63

63÷９＝７　　７人

〔p. 105〕 15 □を使った式 ④

1 □÷４＝６

６×４＝24　　24人

2 □÷８＝５

５×８＝40　　40こ

3 30÷□＝６

30÷６＝５　　５まい

4 40÷□＝５

40÷５＝８　　８ページ

〔p. 106〕 16 かけ算の筆算（×２けた）①

①

	2	3
×	1	2
	4	6
2	3	
2	7	6

②

	3	1
×	3	2
	6	2
9	3	
9	9	2

③

	2	4
×	2	1
	2	4
4	8	
5	0	4

④

	1	2
×	2	4
	4	8
2	4	
2	8	8

⑤

	4	0
×	1	2
	8	0
4	0	
4	8	0

⑥

	1	2
×	3	2
	2	4
3	6	
3	8	4

〔p. 107〕 16 かけ算の筆算（×２けた）②

① 336　② 576　③ 540

④ 408　⑤ 512　⑥ 425

〔p. 108〕 16 かけ算の筆算（×２けた）③

① 1728　② 1265

③ 2970　④ 2160

〔p. 109〕 16 かけ算の筆算（×２けた）④

① 2496　② 3055

③ 3264　④ 5376

〔p. 110〕 16 かけ算の筆算（×２けた）⑤

① 3075　② 7392

③ 9164　④ 6084

〔p. 111〕 16 かけ算の筆算（×２けた）⑥

① 9906　② 8362

③ 8680　④ 8256

〔p. 112〕 16 かけ算の筆算（×２けた）⑦

① 19652　② 37848

③ 51405　④ 33118

〔p. 113〕 16 かけ算の筆算（×２けた）⑧

① 29232　② 48870

③ 11440　④ 53756

〔p. 114〕 **17** ぼうグラフと表 ①

1 ① すきな動物調べ

しゅるい	人数（人）
ハムスター	14
犬	11
ねこ	8
その他	2
合計	35

② ハムスター

2 ① すきなこん虫調べ

しゅるい	人数（人）
クワガタムシ	15
カブトムシ	12
チョウ	7
その他	1
合計	35

② クワガタムシ

〔p. 115〕 **17** ぼうグラフと表 ②

① ㋐ 5人 ㋑ 35人

② ㋐ 10L ㋑ 50L

③ ㋐ 50m ㋑ 250m

④ ㋐ 20g ㋑ 100g

〔p. 116〕 **17** ぼうグラフと表 ③

① 1人

② けがのしゅるいと人数

すりきず	14 人
切りきず	10 人
打ぼく	6 人
ねんざ	3 人

③ 3人

④ 2倍

〔p. 117〕 **17** ぼうグラフと表 ④

① 5分

② 家での読書時間

月	45 分
火	35 分
水	50 分
木	30 分
金	45 分
土	55 分
日	25 分

③ 土曜日

④ 日曜日

〔p. 118〕 **17** ぼうグラフと表 ⑤

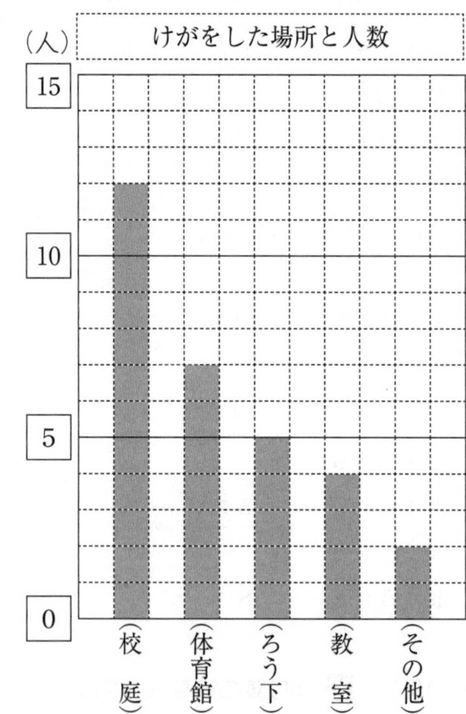

キリトリ

〔p. 119〕 17 ぼうグラフと表 ⑥

①

けが調べ（4月から6月）　（人）

	4月	5月	6月	合計
すりきず	7	10	12	29
切りきず	3	5	4	12
打ぼく	5	10	5	20
その他	5	5	7	17
合計	20	30	28	78

②　すりきず

③　4月～6月の間にけがをした人数の合計

〔p. 120〕 18 三角形と角 ①

1　㋐，㋒，㋕

2　㋐，㋒，㋔

〔p. 121〕 18 三角形と角 ②

1　れい）

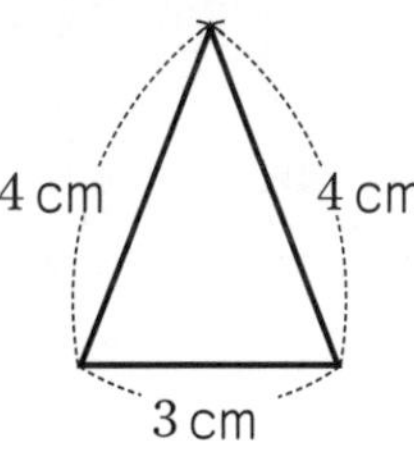

2　①　れい）

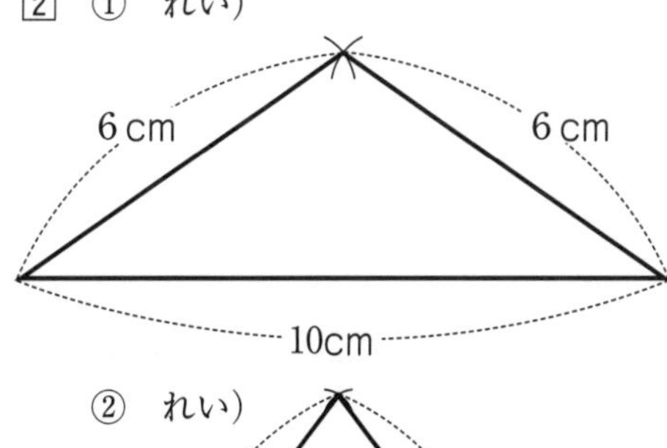

②　れい）

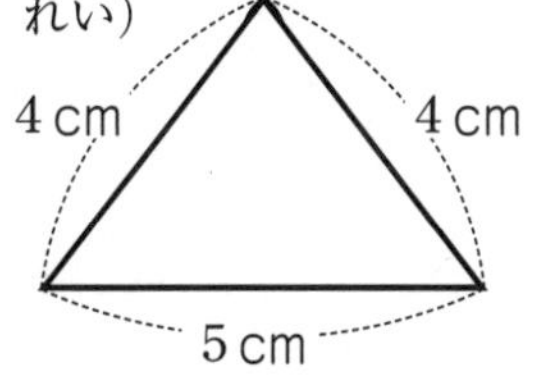

〔p. 122〕 18 三角形と角 ③

1

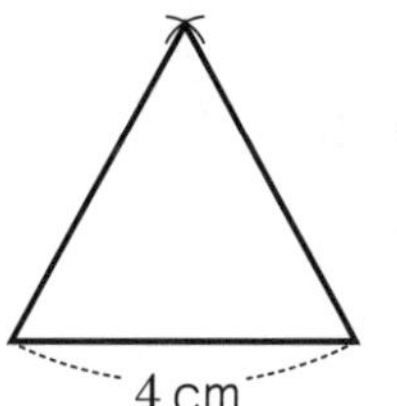

2　れい）

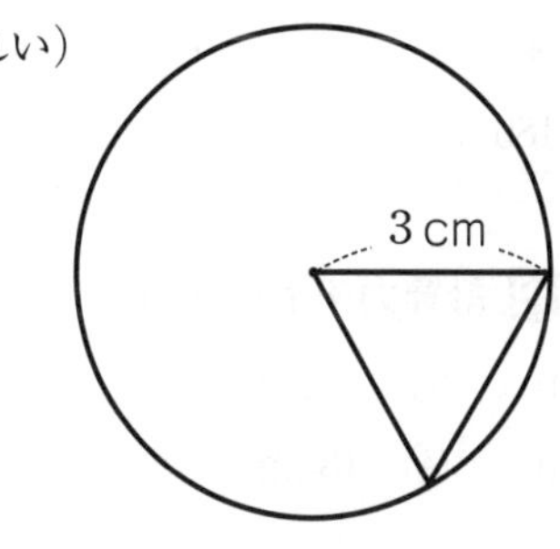

〔p. 123〕 18 三角形と角 ④

1　㋐　ちょう点

　㋑　角

2　①　＞　　②　＜

　③　＞　　④　＞

3　㋔＞㋒＞㋑＞㋐＞㋓

〔p. 124〕 18 三角形と角 ⑤

1　①　二等辺三角形　　②　二等辺三角形

　③　正三角形　　④　正方形

2　①　二等辺三角形　　②　正三角形

　③　二等辺三角形　　④　正三角形

〔p. 125〕 19 計算力チェック ①

1　①　0　　②　162

　③　7　　④　8あまり6

　⑤　912　　⑥　2821

　⑦　830　　⑧　633

2　①　8040

　②　670こ

　③　509000

〔p. 126〕 **19 計算力チェック ②**

1 ① 0　② 144
③ 9　④ 7あまり5
⑤ 714　⑥ 2128
⑦ 730　⑧ 442

2 ① 4
② 1，50
③ 1，180

〔p. 127〕 **19 計算力チェック ③**

① 6cm　② 6cm
③ 12cm　④ 18cm
⑤ 24cm

〔p. 128〕 **19 計算力チェック ④**

1 ① 時間　② 分
③ 分　④ 秒

2 ① m　② km
③ mm　④ cm

3 ① g　② t
③ g　④ kg

キリトリ

キリトリ

キリトリ